独立生活这件小事

浙江工商大學出版社
ZHEJIANG GONGSHANG UNIVERSITY PRESS

文
曾
路

PIAGET

亞洲夜總會
世紀夜總會
六福
LUKFOOK JEWELLERY

Sky Terrace428

中華書局

7.7530
1.7397
山頂市集

LIPPO

列車
Trains

新鸿基地产

和平飯店
PEACE HOTEL

HIPHOP
HIJACK

ONE LIFE ONE BELIEF
DREAM POSTCARD
一生一信

长荣建设
VERNAL QIANTANG
春和錢塘
8502 6666

LOUIS VUITTON

曉風書屋

慈心照世

潜口民宅

G OBAL
地球村
酒吧

目录

自序

写一本书，是我的一个执念。

从16岁开始，这个念头就没有断过。25岁，我正式着手做这件事，这一晃就过了一年。我最爱的李宗盛大叔说，一辈子总是还得让一些善意执念推着往前，我们因此能愿意去听从内心的安排，专注做点事，至少对得起光阴岁月，其他的，就留给时间去说吧。虽然这是一部广告片的独白，却深深打动了我。

不知不觉，我已经独自在上海这个城市生活了5年。跟每个在外奋斗的人一样，有过快乐，有过伤心，独立生活有时听起来是一件悲伤的事，却给予了我足够多的自由。我有足够的时间做自己喜欢的事情，比如写作。这成了我生活最重要的一部分。

随着时间的流逝，我更加意识到什么对我来说是最重要的，努力学着如何去表达爱与恨。我可以接受现实的不完美，但依然向往朴素而美好的生活。为此，我留心观察每一件事，尝试理解每一种角色，努力尊重每一个人。生命是鲜活的，也是脆弱的，此去经年，离开的人已经离开，而保持一颗好奇心，追求新生活永远不会太迟。想得太多，读书太少是很多人的通病，每个人都觉得重复单调的生活无趣，却无法克服内心的懒惰与贪婪。而能专注做一件事，反倒是一种幸福，愿这种幸福能长久地跟随我。二十几岁的我，有些傲气，有些傻气，我没什么惊人的才华，却一直不想放弃。我是个执着的人，一旦认定的事就会尽力去实现，更别说这已是跟了我 10 年的想法，尽管中间拖延症又发作，但总算是完成了一桩心事。

在人前我是正能量女王，乐观开朗，叽叽喳喳个没完，在文字里当然也能看到我正能量爆棚的一面，我有选择性地过滤掉暗黑的一面，告诉你这个世界的温柔。但你也会看到我的另一面，忧愁伤感，悲观主义，忧国忧民。这些都是真实的我。本书不是什么惊世之作，而是对生活的娓娓道来，是我的亲身经历或所见所闻，可能根据真实故事改编，也可能是杜撰夸大，大可不必全然当真，全看各位看官如何理解，但我想告诉比我更年轻的人这个世界曾经是这样的。

此书终得以面世，特别要感谢我的家人，编辑大大春晓妹子，支持本书众筹项目的每一个人，还有喜欢我、关心我的每一个人！无以为报。特此在序中鸣谢以下各位（网名）：

高峰，寒子，金潮，秋元诚，井字形，林木潇潇，木兰花开锦书来，似水的流年，林辉 Ethan，林小 NING，dreamsoft，perryhau，royalwzy，simon，pacer，cintre，lls。

第一章
一个人的英雄主义

一个人生活是什么感觉

午夜 11 点 31 分，我还端坐在电脑前，但已感到手腕发酸，肩膀生疼。刚跟朋友们聊完天，我站起来，使劲甩了甩手臂。我打开了那个每天八点就会提醒我运动的软件，跟着视频里的动作，蹦跶了几下。这一夜，我被这种疼痛感折磨得夜不能寐。这在以前从未出现，就这一瞬间，我突然有点怕。我把手机放在床头，打开了电台的随机播放，选择半小时以后自动关闭。完成这一切，我才安心地躺下，听着音乐入眠。一年 365 天，这只是极其普通的一天的尾声。

和不少姑娘一样，即便到了 25 岁，我仍然对世界充满了幻想，还有好奇。但也有一些倦意，不再一味追求新鲜刺激，不再抱着浪迹天涯的梦。我钟爱的李宗盛大叔曾唱过一首歌《给所有单身女子》，里面有几句歌词：

好多事情要做
好多的日子要过
你有你的寄托
平凡如你
是非何必明说
单身女子的生活
还算不错
你现在不想让爱情拥有你

你对自己说
你要独立生活

这首歌唱出了一些姑娘的现状，包括我这个正在码字的没有爱情的25岁的IT女青年。单身女子，这词被李大叔一唱，多了理解，多了文艺范儿，但在现实生活里，这个词似乎并不讨喜。所幸，我觉得一切都不算太糟。但我也常常被一些莫明其妙的问题困扰，天马行空不着边界，一闲下来或一忙起来，我就会焦躁不安，总觉得脑子里塞满了垃圾。一个人的时候，我问自己，生活的意义究竟是什么。他们告诉我，这个年纪应该结婚生子。但客观来说，我对爱与责任的理解还太浅薄。爱是恒久忍耐又有恩慈，爱是不嫉妒，这似乎是一种很理想的状态，但我还是会抓狂，会崩溃，会逃避。在没有结婚生子之前，我选择独立生活。

一个人生活是什么感觉？我会这样回答你：内心自由而奔放，现实平和又寂寞。小时候，我喜欢一个人在家中朝北的小房间里写作业。我家后面有一座小山，打开窗户便可以看到满山的树，还有隐藏在其中的坟墓，我太婆的坟就在这座山上，我并不害怕。这座山有明显的分界，一边长草，另一边都是树，就像一个人的头秃了一半。记忆中是很多年前发生了一起山林大火，烧掉了那边的树，后来再长出来的都是草。家中一个亲戚当时还热心地去参加了森林救火行动。翻过这座山，并没有什么奇迹，只有另外一个村子，山脚下也只有菜地和果树。我很喜欢对着这座山写作业。几年前我还没有电脑，我爱把内心的想法都写在纸上。少年不识愁滋味的年纪，最容易满怀心事。抽屉里泛黄的纸上，记录的都是小姑娘敏感神经生出的枝节，还有幻想。那时我还在念书，一段隐隐的情愫都会让我花笔墨长篇大论地去记述。无论是开心的还是难过的事儿，写完之后就会松一口气。

一位已婚朋友说，一个人生活自在，想烧镜头没人拦着，想住青旅没人嫌弃，说走就走，想宅就宅，生活可以计划到三年后，也可以只保证明天有吃的，恋爱不是人生的必经之路，生孩子也不是，人人都是孤岛，做什么只需要取悦自己。听起来多么洒脱啊！但并不是人人都有特立独行的能力。很多人意识不到独立人格的可贵，也抵挡不了社会舆论的压力。请珍惜一个人生活的日子。如何优雅地一个人生活，这种问题想必在问答网站某知上一定能搜到。一个人生活，最珍贵的是内心的自由和选择的权利，而不是优雅。

而一个人生活，首先要学会独处。写这篇文章时正值冬天，几乎每个周末我都把自己关在房间里。从前因为耐不住寂寞而四处奔波，不知道独处的滋味，如今只想一个人消化掉这短暂又宝贵的能肆意浪费的冬日时光。人的一生除了睡觉，独处的时间并不算多。睡觉时是无意识的，最多只能依稀记得做了一场梦；工作时除了某些工种，大多数的岗位都需要时刻跟其他人产生着联系；社交场合就甭提了，无时无刻不在消耗着时间跟人群相处；谈恋爱时要安排约会，看电影吃饭逛街；结婚了就更别想说独处了，小孩和老公定会让你忙得团团转；即便一个人时，也一直保持着对手机的高度敏感，出现一个带红色数字的提示，就必须点掉，看看到底他们在说什么，随时保持不 out 的状态。这样看来，一个人能有多少独处的时间？不用做算术，只看粗略的描述就知道，独处的时间不多，真的不多。

独处到底是好时光，还是坏时光，这不需要定论。从小生活经验就告诉我们要合群，不然就会被孤立，我也一直很害怕独处。念中学时，不光吃饭成群结队，连上个厕所都要拉上关系要好的女生。念大学时，选修一门课程，参加一个社团，去食堂吃个晚饭，到西湖骑车徒步，我都希望有人可以陪着我，独处对我来说太过痛苦了。就算念书时有偶尔的独处，但这也并不可怕，同学们都会在固定的时间和地点出现。但等到毕业工作各奔东西了，才知道没有谁会一直陪在谁身边。告别成群结队的日子，需要独处的生活悄然而至。跟很多人一样，来到这个陌生的城市上班，我仅有若干好友也在这个城市，无他。单身的人儿比情侣有更多的独处时间，成年之后的时间就像彻底脱缰的野马，经常是跑到哪里去了都不知道。我一方面惊讶时光的飞逝，一方面练就了一身独处的本领。有一天在异地的朋友突然跟我打电话，她说今天突然很想逛街，翻遍了通讯录找不到一个人，索性就自己出来了。那一刻我确实很想跑过去陪她，但是由于实现成本比较高，我又没有足够的时间，只好放弃。在不同城市的我们也有了相同的经历——学会独处。

2014 年我真正尝试着一个人生活，往年朋友的陪伴是我生活中最重要的一块，今年独角戏成重头戏了。一个人生活，看似

飞奔的城市

很轻松，但必须有一颗热爱生活的心。自律的人更适合一个人生活，否则生活容易变得一团糟。我不再每个周末都跟朋友去上海最热闹的地方逛街吃饭，不再结伴去寻找有趣的展览和活动，连一起看电影的机会都变得越来越少。吃什么变成了生活的一大难题，但这也是必须解决的问题。我一个人出入商场，买东西，吃甜品，回家。朋友有些惊讶我已经能一个人逛街了，也许她的印象中我还是那个喜欢依赖别人的小孩。我会去菜市场买菜回家做饭，周末去图书馆看书放空，到热闹的商场购物吃饭，晚上去大学操场跑步，坐很久的车去上吉他课，大门不迈二门不出浪费假期，去医院挂号看病还要安慰父母，深夜在房间里敲字思考…… 以上所有事，我都能一个人完成了。年少的我可知道，几年后上厕所再也不需要妹子陪了。一股伤感之情涌上了心头，同时也有一丝欣慰。一个人生活，肆意泛滥的寂寞吞没了我。起初，我对很多事变得没有热情，失去耐心。生活有什么意义，这个问题在脑海中出现的频率越来越高。我想是我不够强大，无法战胜寂寞带来的空虚感。害怕寂寞不是丢脸的事儿，我也希望有人能陪在身边，深居简出不是我的终极目标，但也不得不承认，偶尔独处带来的轻松愉悦却是不可忽视的。下厨做饭不必担心咸淡、冷热、喜恶；看书时除了意外打盹，确实可以集中精力学习；去商场不必担心别人是否还有约会，喜欢吃啥就吃啥；独自跑步是痛苦的，但反正谁也不认识，跑累了随时停下脚步，走走停停；坐车去很远的地方就像是休假，跟有趣的人学习是一件开心的事儿；窝在房间里的闲暇假期越多越好，以后会越来越少；去看病满怀心事，倒也轻松，恐慌时不会有人看见，医生也并不像小时候记忆中那么可怕啊；独自对着电脑敲字是我一天最自在的时间，我总希望向别人诉说点什么，当然最好不要变成鸡汤。

一个人生活不仅要处理生活上的琐碎，也能发现自己的底线，测试自己的坚强程度。人总会遇到崩溃的时刻，再坚强的我也有软弱的时候。有些人忍住了泪水，把一切放在心里；有些人忍不住，就放肆大哭一场。我从来不以最坏的恶意去揣测别人，我也感激自己所遇到的一切，但生活有时堪比狗血电视剧，我曾遭遇生活上的一次大事故，到现在想起都觉得脊背发凉。我感受到了这个世界的恶意。有人问过我，一个人住这里不怕么？我当时还特别奇怪，为什么要怕呢？但那一次我真是止不住害怕，我感到心都在颤抖。当人陷入困境时，才能看清楚什么样的人才是真正值得结交的人。跟别人保持应有的距离，是对自己的一种保护。

一个人生活，空闲时间做什么是另外一个大难题。独处让我的思考方式发生了变化，我愿意把更多时间花在自己喜欢的事儿上。一个人生活，想去哪里就去哪里，想做什么就做什么，不用应付七大姑八大婆，不用在意别人的眼光。去拍照，去图书馆，学弹吉他，去徒步旅行，熬到半夜写一篇没有稿费的文章，周围的人只觉得你浑身散发着正能量，不会有人管你做这些事儿的意义在哪里。此时我的心是自由的，我对生活依然充满热情。身处上海这样一个充满诱惑的大城市，我始终都没法喜欢酒吧之类的喧闹场所，也不想花精力追求橱窗里那些贵得吓人的东西，我开始坦然面对平常的生活，但依然渴望改变自己，尝试全新的东西，我竭尽所能遵循内心的选择。有时一个人生活也很颓废，在空空荡荡的房间里，一整天都不出门。饥饿时把家里能吃的东西都吃掉了；颓废到躺在床上看一整天韩剧；洗澡时肆无忌惮地哭，水声会淹没哭声；睡觉时放一整夜喜欢的音乐……无论如何，心是自由的。

独处是一种后天习得的能力，掌握得好，能够成长，变得坚强。一个人如何与自己相处，表达的是一种真实的自我。性格独立完整的人，应该更能安排好独处的时光。在知乎上看到一大学男生提问，室友们都在打游戏，就我一个人不打，怎么融入他们呢？我说，少年，如果你发自内心地不喜欢游戏，为什么你非要融入你不喜欢的世界呢？做点自己喜欢的事情吧！等你再大一些，如能一直坚持自己的追求，你就会明白孤独是人生的常态之一，必要的自我是不可或缺的。你们的友情除了游戏还有其他，如果没有，你可以再多交些朋友。大胆地独处吧，请诚实地面对你自己。社交与独处并不矛盾，真正的友情，并不代表你要跟大部分人一样，他们干什么你就干什么，独立思考终究会让你赢得一部分人的尊重。

从小我就喜欢一个人待着，这样我可以安静地沉浸在自己的世界里。不知道哪里来的自觉，我小时候就开始恪守自律这条原则，写作业从来不需要别人催。但小孩子难免心不在焉，我也会一边写作业一边看电视，导致半天也没做几道题，只好开着电视熬着夜。妈妈半夜起来看到我捧着书，就问我为什么还开着电视，通常我会说房间里安静得可怕。妈妈就任由我去了。父母从小就不大过问我的学业，除了期末成绩，其他知道的不多，印象最深的是他们第一次教我写名字。后来我就养成了习惯，把这当成了自己必须做好的事情。不管走到哪里，我都会带着书和作业，虽然常常会被其他孩子耻笑，但也赢得了大人们的喜爱。不得不说，这段时间对我今后独立生活起到了重要的作用。

初中毕业的那个暑假，终于不用再写作业了，取而代之的是我写了一个两万字的故事。虽然没有坚持写下去，但回想起来真是一段有趣的人生经历。这个故事写在初中同学卖给我的小本子上，可能有人好奇我用的这个“卖”字，那时他沉迷游戏，有什么能卖的东西都会拿来贱卖给我，比如本子、书，还有他家里的东西…… 为了凑钱，他会连卖带送，塞给我一大堆东西，我给他贡献了不少零花钱，从他那边买了好几本书，他还真从他姐那边偷偷拿了不少书借给我，我也因此看了几本新概念作文。毕业后的暑假，我就试着创作，光主角的名字就让我挖空了心思。那时刚好看完韩寒的《三重门》，心想我一定要我写的男女主角在一起，就算毕业了也要在一起。80 后的代表韩寒年少成名，我从念初中时开始看他写的书。每个女孩看言情小说，总是会产生强烈的代入感，尤其是年纪还小，完全不知世事。一个少女对异性会产生相当复杂的情愫，还会充分利用自己的想象空间，去理解一本小说。男女主角走不到一起好像是注定的结局，我很爽快地贡献了一些眼泪。受他的影响，我暗下决心，也要写一本书。那时哪能明白不能轻许诺言的道理，年少轻狂，好像这是我一定能做到的事。

10 年前，我还没有电脑，一有空就拿出本子来构思情节，我涂涂改改写了几万字，绞尽脑汁为主人公起我喜欢的名字，努力想把暗恋对象名字里的字用到我写的小说里。因为要开学了，写完两万字以后就中断了写作，我没有给别人看这个幼稚的故事，最终它也被锁在了抽屉里。我从来没有再去翻看，怕受到惊吓。我没有天赋异禀，没有人生历练，写不出什么东西，只好把这些都压箱底。我翻到过从前的日记本，我根本不忍心看自己从十几岁到 20 岁的心理变化。它们的幼稚程度让我隐隐觉得羞耻。从前的我，敏感、自傲、矫情到无以复加，乱七八糟的东西都敢写。我甚至把朋友过年时群发的短信都记了下来，年少时竟然有这股子傻气。即便在日记本里，我也不习惯写别人的真名，都是用首字母替代，导致现在我看到这些首字母已经记不起是谁了，明显，我高估了自己的记忆力。我的日记本也越来越空洞无物，甚至一天只有“无事”二字。我写过的所有故事，都平平淡淡，没有高潮，没有结局，只开了个头就永远沉寂了。后来我终于意识到了这个残酷的事实，浅薄如我，所谓的“写作梦”也许可能永远无法实现了。我突然变得沮丧，我曾经的热爱，突然对我来说如此陌生，于是我又开始敲键盘了。

说这么多小时候的事情，我只是想说明一点，跟自己相处，对我来说从来都不陌生，我也感觉不到害怕，反而能让我从嘈杂的环境里获得安静。尽管独处对于我来说并不陌生也不困难，却不同于一个人生活。大学毕业前，整整 23 年，我都生活在群体中，我拼命学习，勤奋刻苦，为的是上一个好大学，获得老师和同学们的认可，但我始终都没有真正独处。一个人待一会儿谁都可以，但凭一己之力处理好所有问题，却并不容易。从到陌生的城市工作，再到一个人住，我不得不学着一个人生活，学会克服遇到的所有寂寞和困难。

我自认为是个内向的人，当我把这个结论告诉别人时，他们都不相信我。他们觉得我挺外向的，在人前嘻嘻哈哈，一点也不羞涩，但这只是表象，我只是害怕尴尬与冷场。我跟陌生人交流没有障碍，尽管有时思维有点跳跃，有点神经质，但我对自己的表达能力并不怀疑，尤其最近打电话给陌生人简直就是家常便饭。但事实上，也许真正称得上懂我的人，应该知道我不排斥独处，我能够花一天时间看一本书，也能对着电脑敲一整天的字而丝毫不觉烦躁，甚至生病时我也能一个人往返于住处和医院整整一个礼拜。我固执地认为自己是内向型人格。而那个安静又有能量的我，似乎已经消失了很久。从小我就没法很好地表达内心真实的感受，我更善于跟自己对话。对于不熟悉的人和事物，我习惯保持沉默，我往往比别人需要搜集更多的信息与时间来做出判断。这可能是所谓的没有自信。我主动拆穿了自己一直想要掩饰的事情，我承认这是一种软弱。一个人生活，没有人能无时无刻分享我的悲喜，我想把周围的事记录下来，让生活多一种可能性。因为种种原因，我选择了用写作来保持我对事物的敏锐与思考。

我喜欢观察周围的人和事，对很多人来说这是无聊的，但我却认为有趣。这些看得见、看不见的人，拥有怎样的生活？对一个个体来说，生活的真实意义是什么？我在现实里、社交媒体上看到了很多人的很多面。了解到的东西越多，我就越想表达。我想告诉他们我眼中的他们是怎样的，我认知到的世界是怎样的，希望能产生一点参与价值。我希望尽自己所能去实现它。我 25 岁了，我的生活已经失去了很多种可能性，这让我感到悲伤，但我不能让所有可能性都消失。从小我就喜欢表达，日记本、博客、社交圈，无论何时何地，我都需要一个出口，把现实中的美好和不满都记录下来，这样才能让我觉得安心。这种状态持续了几年，我都不觉得有任何问题。如果不写专业性的文章，写东西对我来说，是一种自说自话，一个出口，既然如此，我就得面对其中的孤独和喜悦。这也算是我一个人生活的必然选择。

我曾写过各种各样的故事，有不少都带着浓厚的个人情绪，即便如此，还是有人过来点赞。我突然明白，原来有人曾经也经受着一样的痛苦和无奈。生而为人，我们有时热情，有时愤怒，有时难过，相信每个人都有过这种感受，某一刻强烈的喜悦或悲伤，在事后却无法再次感知。新生命降临的狂喜，是否会被往后的琐碎冲淡？自以为要天长地久的爱情，遭遇挚爱的背叛，悲伤逆流成河，而时光却能治愈这份伤痛。聪明如我们，迟钝如我们，终究会忘记轰轰烈烈，记录不是为了记住，而是纪念。

毕业后我成了一名互联网从业者，正式开始独立生活。我给自己起了一个名字，叫“非技术型 IT 女民工”。从前，互联网对很多人来说是个比较陌生的领域，但随着智能手机的普及，解释起来就容易多了，我不用向一知半解的他们介绍我的具体工作，只需要说我们公司是做网站和手机软件的。随着阿里巴巴的上市，连老家的农村妇女都知道了这个行业。有一次我还听到几个妇女在讨论女婿在网络公司上班，月薪过万，言语间都流露出自豪感，她们对此的了解仅限于女婿有一份收入不错的工作。而对于大城市的非互联网从业者而言，IT 圈子就是媒体炒作中的刻板形象，智商高情商低，无趣呆板不懂浪漫。大众很容易被媒体牵着走，很多 IT 男确实也能对号入座。但在这个圈子里，也潜伏着一大波热爱生活、追求卓越的人。作为一个非典型性 IT 女民工，我觉得有必要趁着这次可能是我此生唯一的出书机会，为自己，为单身姑娘，为 IT 圈写点什么，这真是奇怪的使命感。

到如今，我能通过互联网接触到社会、人性的方方面面，我眼中的世界也不再那么固化。我也可以把自己对这个世界的认知告诉别人，而不是烂在肚子里，这让我感到喜悦。但孤独却无处不在，我们习惯在朋友圈里展示光鲜的一面，却自己消化掉绝大部分的寂寞。人越大就越能体会这层意思。每到一个阶段，人面临的孤独是不同的，但在花花世界里游走，谁能说自己没有孤独的时刻。姑娘说，你写本书吧，支持到底。她一直觉得我应该以写东西为生，而我却一直辜负她的期待。此时的孤独，瞬间化为动力。思考与寻找，听起来浮夸，却一直是我写作的动力。我珍惜周围每一位鼓励我写作的朋友，感谢每一个点赞与评论的人。他们没有觉得我不务实，没有指责我是幻想家。他们往往不是我现实生活中的朋友，却给了我莫大的动力。梦想就如镜中花、水中月，但有一个值得努力的念想也是好的，这是平凡的生活告诉我的真相。

我的文字功底一般，读书少，以至于骗不到别人，常被指缺少逻辑性，也未见引经据典，不善于写文档，不精于写新闻，旁人看来尽是一些无用功。但写作是遣散我孤独无助感的一剂良药，没有它，我怕我早就在寂寞的海洋里淹死。有人唱歌，有人画画，有人玩游戏，而我敲字。人总是不一样的，这样世界才会有趣。2014 年的夏天，朴树的《平凡之路》戳中了多少人的泪点。在人潮汹涌的都市，站在街头，我看不清人们的脸，我只看见辉煌的灯光。这座城市充斥了太多的梦想与寂寞，激情与空洞。好事坏事，暂且不论，平凡如你，是非何必明说。

我10岁时就天真地以为努力就能幸福，现在才知道痛苦才会时刻相伴左右，甚至把希望降到最低，结果都可能更糟糕。一个人生活，默默体会着生活给予我的全部。笑完了，哭完了，一切就都过去了。最重要的是一定要找到自己的热爱。这算什么事儿，我还是一条好汉子，妥妥的！一个人生活，一不小心就又熬了夜。

选择北上广，就是选择另一种生活

上海滩

念书时，忘记了一位老师说过的大部分内容，只记得他告诉我们，从世俗的角度来说，有时候选择比努力更重要。如果他当初没有选择当大学老师，而是跟同学一样选择海关，成为公务人员，那他的人生应该是另一番图景。从他的语气中能听出一些遗憾，也许他的同学在社会地位与财富积累上，都明显超过了他。但为了给我们这些乳臭未干的臭小子希望，他做了一点补充：当老师也让我获得了其他宝贵的东西，比如相对的单纯、快乐、年轻。许多年过去了，虽然已不记得这个老师的名字，却还是会想起他说的这番话。一个选择，可能就是另一种生活。我对这个城市一直心怀感激，我无心关注传说中上海人的刻薄，这跟我没有半毛钱关系。我关心的是这个城市给我带来的价值。上海，还算是一个相对比较包容的城市，在这里，我体会着全然不同的生活。

一开始就写这个话题，是因为真正属于我的人生，都是从选择上海这座城市开始的。那各位看官可能会问，那过去的二十几年，都是属于谁的？我不知道，那不属于真正的我。应试教育造就的我和各位一样，以为上大学就是人生的终极目标，没想到跨出校门之后才明白人生才刚刚开始。不得不说，我们接受的教育很奇怪，很多人从小学到高中树立的人生观，到大学时会轰然崩塌。我在知乎上看到过一个问题：为什么现在很多年轻人愿意到北上广深打拼，即使过得异常艰苦，远离亲人，仍然义无反顾？看到这个问题，我思考了一会儿，还是无法准确把握“异常艰苦”到底是一个什么程度，但我还是回答了这个问题，并且有不少人给我点赞。

我小时候就在作文里写长大了我要去大城市，上海就是一座大城市。直到现在，我的语文老师碰到我妈妈，还会跟她提起那篇作文，说她的小孩实践了当初说过的话。我不记得为什么小时候会有这么执着的想法，可能是看了一篇张爱玲的文章，被上海的繁华与虚无吸引了，可能是看了电视剧，对浪奔浪流、滔滔江水的十里洋场产生了浓烈的兴趣，亦或许天真地以为要脱贫致富就要去大城市打拼奋斗。很多事机缘巧合地发生，我不喜欢宿命这一说辞，只当是念念不忘，必有回响吧。

2010 年春天，结束了大学最后一次班级春游之后，我有了一个去上海实习的机会。当天上掉下来一个实习机会，我居然一改平日畏缩羞涩的作风，满怀激动地来到了大上海。我不知道这个选择将对我整个人生起到什么作用，但就目前而言，这改变了我的生活轨迹。大三时我开始变得不安，为了摆脱焦虑，我选择了离开。我几乎没有在回老家与去上海之间犹豫。这是我必须面对的一个选择，没有犹豫是因为没有更好的选择。说实话，我并不想过朝九晚五、无所追求的生活，人心都是好高骛远的，最重要的是，我不害怕一个人面对陌生的城市。我有 10 个高中同学去了银行，有几个在当老师，我没想过考公务员，也许是担心考不上，不想浪费时间，更何况我也没有别的资源。老家制造业发达，但跟我的专业八竿子打不着，我不想被动等待机会。爸妈给我的建议仅仅是你自己做选择吧。我就是在这样的情况下选择了上海，并不是我勇敢，才选择一个人在这个城市一待就是好多年。但自己选择的路，怎么着也得走下去。

第一天到上海实习，下了大雨，从上海南站 K 字开头火车下来，我们地铁、公交辗转两个小时，才到达传说中的大张江。第一次到这个城市，就刷新了我对交通的认识。从火车站到公司，居然有两个小时的距离。如果繁华可以被量化，我想人多距离远一定是个重要的参数，不然怎么能彰显这个城市的繁华。那时杭州到上海的火车大多还在南站，一次又一次地来回奔波，对南站却始终喜欢不起来。人潮汹涌的火车站，南北广场都是背着行李、慌乱忙碌的赶路人。我讨厌人们脸上所流露出的焦虑，仿佛已受尽了世间的苦难。买不到坐票时，必须站一两个小时，我也会眉头紧锁，愁容满面，在自身欲望得不到满足时，所有人都变得暴躁，戾气满满。有一次“五一”放假，我临时决定去嘉兴，只能买到站票，这是我人生第二次也是最后一次坐绿皮火车。我清楚地记得，满车厢都是人，大包小包四处都是，乘务员都很难从过道里穿过，还有人因为碰撞在一旁吵吵嚷嚷。我看到门口站着一个背包的男孩子，他戴着耳机望着窗外，全然不理会车厢里的动静，实在累了，就把背包放到地上，坐在上面休息。人多是这个城市的繁华，离开则是它的哀愁。幸好，后来动车、高铁都搬到虹桥了，我很少再感受到火车站给我带来的压迫感，每次我都能找到一个座位，安心等到我的那趟车。也许是出的门多了，也许是停留的时间更短了，也许是再无心观察周围的人了。上海算是一座交通便利的城市，地铁到晚上 10 点以后还有班次，夜班公交不少，打车更是方便，还有互联网公司提供的各种服务，晚上 12 点我还能从陆家嘴天桥底下坐车回去。但上海其实并不是不夜城，晚上 10 点以后街上也蛮冷清的。有调查表明，上海比北京强的地方，竟然是交通与便利店。在上海一直坐的地铁，人也多，倒不至于挤不上去。去北京感受了一下早高峰的地铁，幸福感油然而生。据说开车的话，上海也比北京好一些，无法想象 1 个小时都前进不了几米，打车的意义在哪里？至于便利店，就如某家就是我家的广告那般，我在便利店解决了无数次吃饭问题，24 小时营业，就算东西卖得贵一些也无妨。很多人也习惯用便利店来解决吃饭问题，一样的人多了，就不会觉得自己是异类了。换作在其他城市，就算有，一个人吃盒饭，也一定会觉得自己很惨吧。

初到上海，除了交通，刷新我认知的还有吃饭。人生在世，吃喝二字。肚子饿了，我必须负责填饱它。第一次面试，气氛没有我想象中那么严肃，结束后去附近吃拉面，老板跟我们唠嗑，说小姑娘来上海奋斗呀，来上海的人都是带着梦想来的。我笑笑，工作都快找不到了，哪里有时间管梦想，老板真是太乐观了，现在的年轻人，有几个人知道自己究竟想做什么。吃完了一碗价格略贵，号称牛肉拉面，但只有薄薄一两片肉，其他都是香菜的兰州拉面，我们跟这个自以为了解年轻人的老板说了再见。在此之前，我对兰州拉面的认知停留在高中，贪图新鲜去吃了几次，一直吃学校食堂的我，不知道原来诸如兰州拉面、沙县小吃、菜饭骨头汤之类的小馆子遍及全国，解决了无数异乡人的吃饭问题。当然这只是一个小插曲。后来，习惯了在上海生活，发现在外面吃饭，兰州拉面基本上能算是最便宜的食物，甚至比便利店十几块钱的便当还便宜，难怪能立足江湖数十年。

上海号称国际化大都市，在饮食方面必须国际化，才对得起这个称号。人们都说上海小资，也确实如此。吃的东西五花八门，各式酒吧，各种咖啡馆，法国菜、意大利菜、美式快餐、英式下午茶、日本料理、韩国料理、泰国菜、本帮菜、东北菜、新疆菜、杭帮菜、台湾菜、粤菜、川菜……光花在吃上面的钱，想想都心痛啊！餐厅更是想着法子变换花样，四人同行一人免单，带高个子、带胖子吃饭打折，女仆咖啡馆，大胸热裤妹子西餐厅……这个充满欲望的城市，怎么能在吃上示弱。很多出入繁华地段写字楼的白领，光在吃上就要花一笔大钱，也有很多平凡的上班族，每天吃着公司食堂或路边小摊。让小清新们繁华去吧，我在这里忧伤地写文章。我不是吃货，对吃并没有多少追求，加上没有钱、时间和身材让我去好好搜寻，所以了解得有限，权当随便聊聊。通常上海的各大商区里都有各种餐饮品牌，小到一碗面大到一顿自助，一般吃饭的楼层都在 B1 或三楼以上，热闹的商场在饭点永远需要排队，但基本可以解决吃饭问题。若不在商场，想吃其他类型的餐厅，建议找此类餐饮的聚集地，这样会有更多选择，可能还会有惊喜，比如吃日本料理可以去天山古北之地，吃西餐可以去碧云国际社区转转，咖啡馆可以去衡山路、淮海路，诸如此类。通常吃饭我还是会求助于 App，搜索附近，找个可以接受价位的餐厅，还是非常方便的。

说完吃的，再说一下上海的百货商店。Shopping Mall 最大的特点就是大同小异，未见明显差异，最大的差别就是定位，高端、中端、低端，通常人越少越贵，可参见恒隆与龙之梦的差别。刚来上海时我总喜欢往人多的地方凑，生怕错过了什么热闹，但久了反而没了兴趣。记得多年前，大学英语老师说过，杭州比起上海最差的地方就是购物了，杭州是一个不给中产阶级活路的地方，要么就是贵得要死的杭州大厦、银泰百货，要么就是质量堪忧的龙翔、工联，上海的选择可比杭州多太多了。提高购物效率无非就是有固定目标，选择固定牌子，如果真要漫无目的地闲逛，那真会累死。可以预见，线下百货一定会越来越受到电子商务的冲击，说不定以后柜台可能就以品牌展示为主了，不知道上海会不会面临商业地产过剩的局面。

当然不得不提的，还有上海地标外滩，这是第一次到上海的人必然会去的地方。虽然外滩人多得跟菜市场似的，但从地铁到外滩有一大片地方，甚至连一棵树也没有。这是我后来发现的，在这寸土寸金的地方，连种一棵树都是奢侈。人们对上海繁华的认知，大多都源于黄浦江两岸。风格迥异的万国建筑群，陆家嘴现代化的高楼大厦，遥相对望，不知今昔是何年。读到一段历史，现在的上海和平饭店，原是美国犹太人沙逊的沙逊大厦。这个家族最富有时，南京东路上一半的大楼都属于沙逊家族。当时的国民政府为了显示自己的经济实力，决定在沙逊大厦旁，建造一幢远东最高的 34 层的银行大厦。施工时，沙逊却无理干涉，说："在英租界造房子，高度不得超过我的金字塔塔顶。" 由于当时的环境因素，这桩官司一直打到伦敦，结果判决中国银行只能造 17 层，比相邻的沙逊大厦金字塔顶低 30 厘米。那些国难当头的日子已一去不返，空留下残缺不全的记载，世事变幻，沧海桑田。外滩最大的魅力是这里的建筑，但遗憾的是，即便现在信息如此发达，观光客也懒得去了解历史，只看到其高大，灯光璀璨，却不知道其深刻。我也只是随便看看就忘了。去过这么多次繁华的外滩，在拥挤的人潮里四处顾盼，我不知道来这里的人，除了感受到人多，还感受到了什么。到过一个地方，拍过一些照片，这就是我们所谓的旅游了罢。

除了吃喝玩乐，上海更是一个相对讲规则的城市，是个更宽容的城市，我只是说相对。举几个例子，在上海，你有能力，可以找到一个工资、职位都不错的工作；在老家跟你竞争某些职位的可能是老板他外甥，关键还找不到像模像样的工作，大家只好往所谓的铁饭碗里冲了，就业资源匮乏，导致大家在某几个职业里挤破头。在上海，一个公司双休再正常不过；老家双休的只是某些机构与部门，哪里有 12 天年假，做梦去吧！很多专业在老家根本找不到称心如意的工作，这就是现实。大城市里有很多资源，有更多机会。高精尖人才，众多大型企业，各种创业公司，吃喝玩乐，有能力就不愁工作，有钱就不愁没乐子。生活上，物质上，只要有钱，想吃啥买啥这个就不说了。一些土豪朋友会觉得老家能买的东西太少了，要么没这个牌子，要么没那样东西，还是资源匮乏啊！另外涉及精神层面的，差别更大。我们老家以前的娱乐就是打牌打麻将，乡下更是连个像样的公共图书馆也没有一个。现在娱乐场所到处都是，一年前听人说，不要在我们这儿用微信摇一摇，女的大多都是坐台小姐，我小震惊了一下。上海精神生活就丰富多彩了，各种电影、展览、话剧、演唱会、书影音交友会……对酒吧夜场我不大了解，不做评述，借用过一个酒吧的厕所，是相当热闹。就算你是个怪人，大概也总能找到你的同类，你喜欢的活动。一个城市的格调是由人决定的，人是这个城市最重要的组成部分。虽然都是黄皮肤黑眼睛，有些人就是无法沟通，难以交流。

最难改变的不是贫穷，而是思想。女孩25岁不结婚，在老家差不多就是天塌下来了，三姑六婆，甚至无关的路人都会问，他们打着关心你的旗号，让你被舆论压得喘不过气来，多数时候只能笑而不语。再者，必然还会问，为啥不考公务员，当老师不是挺好，你的工作到底是做什么，这点工资自己都养不活……他们从来都不关心不知道你到底在做什么，有什么规划，只知道你端的不是铁饭碗，随时可能被开除。再举一些例子，买个电脑手机这么贵有必要吗，没事干嘛一个人跑出去玩，又不安全还浪费钱，整天看着电脑有什么意思吗，这么大了为什么还只知道玩游戏……话不投机半句多，说多了也没意思，只觉得甚是无趣。在上海有时也并没有你想的那么苦；异常艰苦，总是有很多原因的。换个思路，难道在老家就一定能很安逸？我不这样觉得，可能要承受更多。

看很多朋友都把选择在北上广生活的故事，写成了励志大片，对此我当然怀有十二分的敬意。很遗憾，在上海的这几年，我并没能取得什么成就，但不得不说，这个城市、这个行业里的人，对我产生的影响是潜移默化的。他们常常给人希望，只要你肯努力，就有成为CXO的机会。不过，不切实际的想法，如缺少行动，那真的只是空想！请允许我这个屌丝女青年黯然神伤一下。不是选择北上广，才让你觉得寂寞孤独冷的。这是生活的必然。不是熟悉的人在我身边，我就不会孤独。找不到共同话题，偶尔待在一起还好，但要长久，也会厌倦，会更孤独。背井离乡，就得追求梦想。我会以此来激励自己，如果我想做一件事，就必须全力去完成，否则就枉费离家独自待在上海了。路都是自己选的，勇敢地往前吧。在一个城市怎么过，过成什么样，都取决于你是什么样的人。我看过别人奋斗的历程，为了他们的故事热泪盈眶，但哭过了就会忘；我总是在找一些我未经历过的东西，也变得比从前大胆与努力。这个城市有奇迹，但承载了更多平凡人的一生。

上海给了我第一份工作，这段经历对我来说是珍贵又难忘的，让我认识了很多才华横溢、梦想改变世界的同事，让我从什么都不懂的小白，慢慢地成长起来。这个世界是如此广阔，我要迈开步伐。在这几年的工作中，我接触到了形形色色的人与事，经历了不少人生的第一次。第一次在办公室熬了一个通宵；第一次开始真正一个人生活；第一次感受到生活总会推着自己走；第一次面对相处几年的同事纷纷离开；丢掉第一份工作，独自在寒冷的外滩看人流；第一次正视自己，我究竟想要怎样的生活与未来……身边的人换了一波又一波，我的心也一直没有安定下。我看书，敲字，上网，常常一个人走过一排又一排的书架，看了一本又一本的书，就好像真的能找到意义。有时心是满的，有时却也空空荡荡。

一个人在这陌生的地方久了，尽管出门还是要靠地图，但竟然发现此地比起其他地方，也成了自己相对熟悉的地方。人们都说快乐的源泉是创造，而非索取。除了创造，还有分享。在这里给大家分享的是上海知名又俗气的旅游路线：人民广场——南京东路——外滩——城隍庙——陆家嘴。

人民广场有旅游集散区，在上海博物馆旁边有很多旅游大巴，很多人会在此停留。不仅外来的旅客，从上海到附近或外地去旅游的，不少也会在这里集合。这旁边就是上海博物馆，据说是个好地方，但是每次排队的人都很多，至今我都没有进去过。周围有上海当代艺术馆、上海美术馆，大多数展览都是售票的，门票一般 20 元，也有贵的展览。美术馆已经搬迁，为没去过的同学们默哀。周围吃的地方不少，多数餐馆在饭点都要排队，附近还有蜡像馆，来福士广场，大光明电影院。人民广场作为上海最大的换乘站，有 N 个出口，经常在里面换乘就要走半天，所以要在这里换地铁，请多预留一些时间。八个字形容——来来往往，络绎不绝。附近还有一个有意思的地方，人民公园相亲角，集聚各种老爷爷老奶奶，曾有朋友要求参观，于是就一起去参观，距离我第一次来这边已经多年，那边的牌子上的年纪，已经从没有我这个年纪，到了基本都是我这个年纪。作为一个已婚男，他来这里就是为了拍张照片发朋友圈。此地还专门辟有海外角，专供海归相亲之用，上海作为国际大都市可见一斑。其实我想说青春短暂，且行且珍惜。

人民广场出来，一直走到南京东路，可以随便逛逛，两边的楼可以进去，有昂贵的专柜，也有廉价的商品，主要是签到一下。整体来说，这边主要是供游客旅游参观消费，有兴趣就去，但也不建议因贪便宜买一些不需要的东西。夏天晚上此处必有各种广场舞、交谊舞，有雅有俗。从南京东路一直走到外滩不算太远，此时你可以跟着汹涌的人潮，感受一下什么是茫茫人海。跨年那天是最恐怖的，请谨慎出行。随着人潮到了外滩，隔着黄浦江，一边是万国建筑群，一边是浦东陆家嘴，这是上海最知名的夜景。每一栋楼都有故事，这里有沉甸甸的历史，如果你喜欢，不妨在此多逗留。城隍庙离外滩很近，有空可以去转转，对于我一个浙江人来说，这里人多老外多，东西贵，去一次足够了。里面很多店铺标价偏高，如果要买东西，可以去旁边两栋批发市场看一看，还还价（一般人我不告诉他）。说去城隍庙吃小吃的都是怎么想的，反正我没有吃到过特别的小吃，除了南翔小笼，但这店的排队简直是不能忍！

逛完后可以回到外滩，坐两块钱的水上巴士去陆家嘴，传说中的十六铺码头，水上巴士下来之后要走一段路，到达陆家嘴后，可买票去东方明珠上面，环球、金茂都可以，有一栋楼凭身份证上的生日，生日当天可以免费参观。我去过东方明珠，四周玻璃墙上贴着别的城市名称，告诉你它们离上海有多远。看到了西藏，我想起了 5 年前就想去的地方，一直都没去成。东方明珠上还有一圈透明的玻璃，踩上去时，马路上的车与人都在自己脚下，如此渺小。一定要等到晚上，看看大上海的夜景。东方明珠对面是正大广场，准备好钱包，逛的、吃的都不缺，能解决作为游客的你的基本需求。

这个城市充满了小资和文艺的气息，有些人反感，有些人热爱。这条热门路线也许无法让你发现大上海的迷人，而当安静慵懒地在绿荫遮蔽的咖啡馆喝下午茶成为你的一种习惯，或许你会爱上这个城市。上海啊，你依然是我最熟悉的陌生人。我尝试过一个人去到另外一些城市，去过之后才发现那里根本没有我想要的一切。我选择了上海，选择把青春洒在这里，选择与孤独和谐共处。我感激我所遇到的这一切，我也仍在寻找未来。

一个人也要好好吃饭

吃是一门大学问。在人人都以吃货自居的时代，真正的美食家可能要更加孤独与无奈了。我对吃的研究甚少，但丝毫不影响我对吃的热爱。食色，性也。四个字太精妙了，食，是人这一生最重要的组成部分之一啊！

我生长在海边的村庄，在这里人们对吃的理解是粗犷的，饮食上以海鲜、猪肉为主，整体又以清淡为主，不追求精致，不讲究菜式，只追求鲜美。不吃海鲜的人是体会不到腥与鲜美的差别的。在众多海鲜品种中，我最爱吃虾蟹，还有海里的鱼，鲳鱼、带鱼，这些品种鱼刺粗大，肉刺分明，不易吃到刺，而肉往往比河鱼更为鲜美，加入葱、姜、蒜和芹菜去腥气是通常的做法。烹饪手法上，也不需要用重油重辣，否则会掩盖鱼本身的鲜味。但老家的菜并没有自成一派，跟平时吃到的浙菜也有巨大差别，在外地很少能吃到家乡的味道。唯一一次吃到是在上海长乐路上的一家小面馆，刚巧路过就点了一碗面，一吃就是老家的味道，果不其然是老乡开的。我比较怕生鱼的腥味，又没有做菜技巧，上海的菜市场不像老家到处都是海鲜，所以我很少动手做鱼，即便来了兴致做了几次，买到的鱼也始终做不出那个味道。也许全世界的饮食差异天生就是一种乡愁。

家有女儿初长成，在父母眼中，女儿是永远都长不大的。我尚未为人父母，并不能完全理解父母心。成长是一件神奇的事情，妈妈说记忆中我仍在摸爬滚打，现在却到了可以养孩子的年纪了。小时候爱装大人，以为自己能早早地理解生活的艰辛，体谅大人的难处，这就是长大了。虽然我也难免任性固执，难以达到所有人的期待，但不少大人都觉得我乖巧懂事，导致我也误以为如此。我只知道大人为生计奔波愁苦，为人情关系烦恼，处在大家庭的各种纷争中无法自拔，却不理解外婆一把年纪了，为何还要为儿女们操心；不明白为什么老妈总是一边洗碗或扫地，一边唠叨孩子懒惰；不知道姐姐何时变得如此独当一面，独自一人就能照顾孩子吃喝拉撒，上学、去医院都要自己操心。我不能也不想理解这些琐碎，我天真地以为我追求的生活跟她们都不一样，我不要被琐碎牵绊，有更重要的事情等着我去做。我不会像他们那样，生活的重心只有孩子。到后来才发现，我只是理解了大人们生活的一个方面，还远没到长大的程度。

直到我独自面对生活时，才惊讶地发现，琐碎是平凡生活的必然状态，每一个人都没法摆脱，这里面还包含着爱和宽容。即便是一个人，也要爱自己，对自己宽容，关照好所有的琐碎，比如好好吃饭。一个幼稚天真的小姑娘终究会变成心智成熟的女人。这是我对长大的理解：无论何时何地，当她能一个人坦然面对生活的所有琐碎，就是一个姑娘真正长大的时候。这话听起来并不那么美好，姑娘们一贯擅长的就是想象，而真正的长大，除了幻想，还有柴米油盐，日常琐事，还有不得不面对的人和事。

小时候，学习好的孩子是有特权不做家务的，只要把成绩搞好，家里人基本就不管我了。所以我从小到大在家务事上都是一个懒姑娘，我的勤奋都体现在学习上了。为了考上市里最好的高中，我度过了人生中最努力的三年，初中时不知是不是因为太操心，我一直比较瘦小，到了高中突然就长胖了。可能是以前太累，怎么吃都吃不胖，一懈怠下来就长肉了。从小到大我一直都没怎么做过饭，工作后突然要一个人生活了，吃饭问题便成了我最大的问题之一。我终于要下厨了，听起来没什么好说的，很多人都跟我有相同的经历，但这对我来说是一个挑战。

一个人做饭，要买菜、开火、洗碗，总是有点嫌烦。菜市场离住处隔了几个路口，要走好长一段路。我常常被摊主叫小姑娘，但什么东西也都装模作样挑挑拣拣，天天去菜市场的日子，摊主都能认出我来了。洗菜切菜又是一个过程，这个工序算是我比较喜欢的，把各种蔬菜切成自己喜欢的样子，在砧板上摆出形状和造型，很无聊也很有趣。烧菜的过程对我来说没有惊喜，煮熟了就算完事儿了。偶尔心情好，翻开菜谱研究一两个新菜式，但很可能遭遇滑铁卢。烧了 1 个小时的饭，吃只花费 10 分钟，最后还要面对一堆油腻的碗筷，真是一件痛苦的事儿，想想一个人做饭真划不来。吃饭真是一件麻烦事，据说国外已经有人在研究光吃糊糊就能维持生命各种能量的东西，真的研究出来了我必须备一些，免得因为懒而饿死。

有　味

一个人吃饭尚且麻烦，为一家子解决吃饭问题，得需要一个女人有足够的爱心与细腻。怎么搭配营养均衡，怎么避免重复单调，怎么解决众口难调的问题……这对我来说简直是世纪大难题！只解决我自己的吃饭问题，我都有点顾不过来。不是什么炒鸡蛋，就是什么炒肉，每次煮面条，我都放一样的东西，完全没有想象力。生活太恐怖了，原来这些就是我之前避之不及的琐碎、重复、单调。想起小时候我总是抱怨妈妈做一样的菜，总是挑三拣四，现在想想真是不懂做妈妈的心，没接触时，根本想不到一件看似无足轻重、理所当然的事会如此困难，等到自己实践，才能理解妈妈的辛苦。如果没有足够的爱，根本没办法支撑一个女人日复一日，年复一年为一个家付出青春与汗水。为别人做饭是一件累人的事，尤其是当这一条龙服务都需要自己一个人操办的时候，请务必珍惜为你做饭的人，这辈子遇不到几个。

某一年夏天，我在厨房待了几天。因为没有空调和电扇，刚洗好菜就能感受到汗水慢慢在背上流淌，浑身都难受，简直就是蒸桑拿。我没从厨房溜走，我也必须经历一下在大热天为自己解决吃饭问题的过程。一段好时光似乎也跟着那些蒸发的汗水消逝了。懒姑娘如我，当然不愿意每天都回家做饭，这时候，上海的 24 小时便利店拯救了我。感谢便利店，不管多晚，我都能买到吃的，即便我买盒饭吃，也没有显得多落魄，这给了我极大的宽慰。虽然有诸多抱怨，但我也在做饭中找到了一些乐趣，每当我发现一个做菜的细节，我就特别开心。一个人也要好好吃饭，这不是任务，而是态度。我不会强求自己每天做饭，只是我到了一个新的人生阶段，在没有家人陪伴的日子里，我必须享受孤独，去寻找一个新的适合自己的生活方式。

最后，作为一个不大会做饭的人，附上一个人吃饭指南，似乎有些荒唐，跟我一样的懒人妹子看看即可。这些都来自亲身实战经验。买一个可以定时的电饭锅，晚上定时下米煮粥，一大早就有粥喝；往微波炉里塞一个红薯，高火5分钟，就可以吃到主食了，类似的还有土豆、芋头；晚饭可以做快手菜，面条是王道；蔬菜炒肉，蔬菜炒鸡蛋，是最容易做的菜，变化各种蔬菜即可。一个人吃饭的真正奥义就是小而美，有时下厨不仅仅是为了让肚子不再乱叫，也是为了在社交圈发个成品嘚瑟，昭告世人自己也会做饭，但味道可能就勉强了。吃饭的本质因为社交网络也遭到了扭曲。算起来我又有大半年不大做饭了，之前说过的态度也碎成了渣，天上啥时候能掉下个厨男呢？好吧，是我想太多。

租房子，独自生活的必备技能

我不喜欢把自己定义成什么漂，搞得好像来这个城市是一个多么勇敢的决定似的，显得特别悲惨壮烈。风萧萧兮易水寒，我还没有到这么悲惨的程度，但在这个城市，确实什么事情我都要靠自己。如今，吃饱饭的基本生理需求已经能基本得到解决，但年轻人活得一点也不轻松。买房子的压力就像一座大山，压得人喘不过气来。而租房子，便成了如我等漂泊屌丝必备技能。

一个人过怎样的生活，是一个看似简单又复杂的选择，我们都天真地以为当下的决定一定是对的。我一度以为自己有很多选择，到最后发现其实是没得选择。听起来这又是一个悲伤的故事。资源分配的差异、信息不对称是现实存在的问题，穷人越穷，富人越富，马太效应愈演愈烈，有些人为了在大城市安身立命放弃了安逸平淡的生活。

虽然已经在上海待了几年，我对奋斗这个词的理解还停留在浅显的层次，经常看到有人在探讨怎样在多少岁之前实现财务自由，这种议题可能几年前我都懒得看一眼，最近看到内心却有些惶恐，有那么多人为了财务自由，贡献了青春，倾尽了全力，到头来可能就是为整个家换来一个房子，这真的就是我们日夜追求的自由吗？这个世界上到底有多少人真正实现了财务自由？不得不说这可能会是我们这一代人莫大的悲哀与遗憾。作为一个买不起房子的屌丝，我只能在此跟各位分享一下租房子的技能了。虽然我不是一个优秀的信息筛选器，也总共才换过几次地方，但依然希望能和大家说一说租房子这点事儿。

在上海这个房租贵得吓人的城市，合租房是租房产业里的一种产品形态，成为一些人主动或被动的选择。如果你不是一个人，最快的方式是确定人数、地段，在分类信息网站上了解一下行情，最直接的方法是先在线多找几个中介，说一下你的预期，再问一下这个地段有没有房子，大致就可以掌握真实信息了，必须以他们说的行情为准。网站上发布的信息很多都是不实信息，为了吸引屌丝联系他，他会给你营造出一个好房不等人、价格很实惠的假象，等你上钩了再把你吃定。

怎么选择房子呢？我们经常会陷入金钱与空间的两难中，便宜与舒适不可兼得。首先，必须考虑交通便捷。建议找地铁旁的居民区，最好是居民区。有些区域大多是办公楼，一到晚上或周末就很冷清，会加重异乡人的漂泊感。举个例子，陆家嘴周围房子除了贵还是贵，表面看看繁华热闹，实际没有生活气息，写字楼占多数，同样价位的房子，如果你要选择地铁二号线沿线，比起陆家嘴，更建议考虑长宁区。在预算有限的情况下，一定要综合考虑，不妨多去一些地方看看。

如果是一个人，住正常的一室户，所谓的正常就是户型未被修改，保持原貌，房租价格会比较高，不差钱这当然是最好的选择。退而求其次就是合租，群租房还是尽量不要看了，政府都在打击，不安全也不舒服，隔音效果差，二房东通常比较坑爹，会自行安装水表、电表，收一个月水电费实际上够用两个月的了。最好是找到能自己支付水电费的合租房，这样会减少被坑的概率。一个人找合租是相对容易的，推荐使用豆瓣等社交网站，找到个人发布的

自立门户

信息，不用中介费，进小组，按照关键词搜索，时间排序，基本上就能把信息筛选出来。之后把符合要求的都筛选出来，一个个约谈，按照地理位置一两天把这些房子都看一遍，就大致知道自己要如何选择了。如果是几个朋友一起整租，还是建议找中介，整套出租的房子很多都在中介手里，不少房东会把房子委托给中介交易，通过社交网络寻找很费劲。

最实用的方法，是确定房子的地理位置，合理利用地图，找到周围所有合适的小区，精准定位，再根据这个信息去搜索，各种综合性的网站、社交类的网站都不要放过！中介和个人的房源各有利弊，中介资源多，但是收费，会相对省事一些；个人房源的话，找到一个满意的要费不少时间，如果不着急可以慢慢找。等你找到价位满意、舒适度尚可的房子基本就 OK 了。但除了选择房子，室友的选择也尤其重要。一定要眼观六路耳听八方，才能找到称心如意的，不过幸好找房子不是找对象，不满意终究还是可以换的。每个人找室友的标准不一样，不过相信每一个人都不想找个事妈儿当室友。一个好的室友，不能干涉我的生活，不要整天嚷嚷要干啥，作息要正常，不能动静太大，不要把公共区域搞得很脏，不能随便带其他人常住。各位看官，不要认为要求很多，一起相处必须有既定规则，才能保证以后和谐相处，所以需要尽可能多了解室友的信息，这对自己来说绝对不是坏事。就像我的一个朋友，简直被他的现任室友折磨死了。我也经历过惨痛的教训，甚至搞得鸡犬不宁，刷新三观。所以不要让室友打扰到自己的生活，不要在乎那一点点面子，这一点很关键，本来就在异乡漂泊，再来一个奇葩室友，相信我们的小心脏都会受不了的。

选定了房子、室友，还有重头戏——搬家。这对我们来说会是一出人间惨剧。打包整理所有东西，任何犄角旮旯的小东西都不能放过，再找一个靠谱的价钱合适的搬家师傅，再把所有东西搬到一个陌生的地方，再拆包整理，短短两行字的流程，实际操作起来可是会让人大喊老天爷救命的，尤其是单身妹子，请做好120% 的心理准备。找闺密，找蓝颜，找好基友，此时不用，更待何时。别看我说的一套一套的，但真的操作起来累得半死，都要靠各位自己了。搬家真是痛苦的人生体验，只能以艰辛换来一个全新的家来安慰自己了。

论矫情病的不可治愈性

现代人有种通病，叫矫情。这种病我从小就有，长大后不至于愈演愈烈，却从未摆脱。无病呻吟这种表达方式真是无师自通，更要命的是，隔三岔五就出现一次来扰乱我平淡的生活。随便看几本三毛、张爱玲、亦舒，就真以为自己是文艺女青年了，真是贻笑大方。夜深人静时还要顾影自怜，自以为是有才华的穷人，实际上只有穷，没有才华。直到最近两年，我经历了人生中最大的两次打击，这种病才微见好转。真的生病时，我竟然矫情不起来，反倒能淡定地去看待。

刚到上海的那一年夏天，我在办公室里接到家人的电话，说爸爸检查出来得了什么肿瘤，直接就把我吓哭了。我害怕疾病就像害怕世界末日，它们都会带走我生命中最重要的东西。当时我在办公室里，不敢哭太大声，只好努力忍住泪，后来干脆跑到洗手间去哭。我打电话给爸爸，他没有接，妈妈在电话那头讲话的声音带着哭腔。我站在办公室外面走廊的窗边，一边哭一边讲电话，回到座位时，眼泪还止不住往下掉。好在后来说是医生把这病说得太严重，事实上根本不是这么一回事。落了一下午的泪，都没人发觉，我觉得自己掩饰得不错。而那时我内心的害怕竟也不想与任何人分享，只觉得巨大的孤独感侵蚀了我。

去年生病这事儿更直接地发生在自己身上，这一场突如其来的插曲，让我对很多事的认知再一次发生了变化。为什么说这病来得突然，是因为发生的时候没有任何征兆，医生说病因不明，只是让我好好休息，这让我无所适从。生病之前跟朋友闹了别扭，互删好友，上演了一场闹剧，我小小的心灵遭遇了巨大的挫折。内心的难过和失落无以言表，一件鸡毛蒜皮的小事，就能毁掉我们这份友情。是我太在乎，还是别人太看轻？之后的三天，我几乎是一跟其他朋友提起此事就失声痛哭，放声大哭这招似乎很适合释放情绪，哭了三天，我终于觉得累了，也慢慢恢复了理智，但依旧心情压抑，内心愁苦，于是我决定长途旅行。美丽热闹的小城让人心情大好，但不知道是不是受奔波劳累与心情苦闷双重原因影响，我突然生病了。

也没啥具体原因。某天，同事打电话让我给她拿快递，我听不清电话里她说的是哪家快递，原本以为信号不好，办公室信号渣也不是一天两天了，顺手换了个耳朵听，就听见了。老大嗓子哑了，在一旁吩咐我什么事，我只感觉声音从很远的地方传来，竟以为是老大嗓子哑了的原因……我没放在心上，但到下午我终于觉得有点不对劲，请假去医院，挂号的男生长得很秀气，告诉我已经下班。第二天我又去了医院，还是排了他的队。医生是个中年人，让我去做检查，他说你的左耳听力受损已经到中度了，考虑住院吧，给你先开好住院单。当时我就傻眼了，我问医生要不要拍CT，他说随便你，拍也就是排除一下别的病变可能。医生怎么能说随便我？经过一番纠结，250 块就这样没了。我一个人从诊室走出去，除了表情夸张了点，我都没有哭，走到付费处，我的小心脏就有点扛不住了。拍 CT 的年轻医生问我怎么了，我说一个耳朵听不见了，忍不住泪就落了下来。回公司跟老大说明情况，他随即也让我赶紧去好点的医院看病，别操心公司里的事。我匆忙收拾了一下，一个人去便利店吃了饭。我一边吃一边想生活不能因为生病就变得不受控制，我必须照顾好自己。下午拿好片子，CT 结果显示一切正常，就是突然左耳听不清了。尽管这样，看到“耳聋”这两个字，我也深受打击。

同事说陪我去医院，老大要去城里，顺便送我。在路上他说不要想什么工作，都安排好了，别操心，好好养病。妹子花了一下午陪我，现在想起来也是蛮感动的。去两家医院的检查结果都是一样的，叫“突发性耳聋”。我当时就震惊了，医生建议住院，但没有床位了，让我先打针静养，于是第一次体验了往耳朵里打针。打完针要按住耳朵躺 20 分钟，我一个人被丢在隔壁房间躺着，不知道都想了什么，大概是真的耳聋了怎么办。除了开头两天我害怕到掉了几滴眼泪，后来我竟可以淡定地安排自己徘徊于医院和住处之间了。

刚好这段时间室友们都不在，空空荡荡的房间是我一个人的天下。早上起来去打针，下午去图书馆，晚上则早早回家睡觉。一个晴朗的周末，有个朋友从江苏过来，刚好是世界杯，我连伪球迷也装不了了。医生说不能熬夜，我强迫自己睡去，但居然热得失眠。第二天去见朋友，在咖啡馆里跟刚认识的交大妹子聊人生，也算是一个插曲吧。安静休养，游游荡荡，做一个安静而美丽的妹子，这就是我那几天的状态。我大概吃了 5 天激素，再去医院检查，医生说比之前好些了，继续吃药休养。我已经好久没有这样完全放空了。实在无聊又看起了闲书，化妆的，美甲的，两性关系的，还有日本作家的书，比如村

就是矫情

上春树、渡边淳一。看他们的书能让人放松地去思考细小的人生。生病期间我看完了村上春树的《没有色彩的多崎作和他的巡礼之年》。这本书是我朋友寄给我的，在我生病时，他送了一堆书给我打发时间。他跟我算是志同道合的朋友，是为数不多的真正欣赏我的人。书里面有一段话，刚好跟我情况很契合。大意是，人的肉体是很脆弱的，如果肉体一旦发生了危机，那么人的所有才能就会遭受创伤，甚至毁灭性的打击。如果我的耳朵真的听不见了，也许一些属于我的东西也会丧失。这个故事，还涉及了友情的丧失，青春的丧失。我们不断地逃避、掩饰、妥协，但最终发现我们竭力维护的只是表面的平和，背后的真相终究只有自己才能弄明白。回过神来，人生是在不断的得到与丧失中度过。此刻拥有的健康，围绕在身旁的人、情谊，可能在一瞬间失去。这些失去并不是没有来由的，他们离你远去，必定有一个理由，只是你还未知觉。考虑到这一点，我们有必要遵从内心去行事。当他们离去时，如果你想要问为什么，去问吧；想要放声大哭，就痛快哭上几天吧；只想沉默不语，那就让自己的心平静下来。离开的人和东西，不能领会你的心情，但你知道哭过了之后，自己还是一条好汉，还有追求自我与幸福的权利。

生病的第 N 天，生理上只是一只耳朵听不清，但精神上过得好辛苦。朋友说可以趁这段时间记录心里所想，因为此时的状态跟以往任何状态都不一样，以后回过头来看会比较新奇。于是我就写下了这篇。我不想说生病多么可怜，也没有矫情地寻求宽慰。No zuo no die，也许我已经能自己忍受这突如其来的孤独了，当我看到医院里那么多绝望无助的人和他们的眼神时，突然间觉得自己还是幸运的。

还好，此刻我早已恢复健康，摆正心态，但矫情病依旧没有治愈。每个人的孤独都会有一个归属，甚至一本书也是一个归属。

文艺青年的丧失

“文艺青年”本来是一个小众的词汇，历经无数人的传播，这四个字在时代的大潮中，日渐与迂腐和穷酸挂钩。人们眼中的文艺青年，不仅说话不切实际，行为举止乖张，最要命的就是穷。穷酸成了文艺青年的另一种解读。越来越多的人不再以文艺青年自居，而是自称伪文艺青年，他们认为似乎加了一个“伪”字，就可以逃避世俗的眼光，试图解释自己并不迂腐穷酸，只是喜欢某些文艺的东西而已。不得不感慨，当这个词成为标签以后，就已经被玩坏了。听到别人说这个词，人们竟然有忙不迭将自己与之撇清的慌张感。

我也害怕被别人称为文艺青年。在当前舆论下，这个词已经不再保留其本意。从其本意去谈，我又配不上这个词。在我心里，文艺青年的水准理应更高。随着时间的流逝，我的想法也慢慢发生着改变，并不是对文化艺术有多高的鉴赏力才能被称为文艺青年，如果一个人能跳出寡淡无聊的生活，追求梦想与真理，是不是就能算是一种文艺？然而每个人的判断标准不一样，有些人以为我无病呻吟写几行字就是文艺青年了，这就大错特错了。在我眼中，大多数人不是真正的文艺青年，他们只是希望在人前表现出一种状态，以此来表明自己的与众不同，寻求内心的自由释放，对文化艺术并没有至纯至真的热爱。我认识的文艺青年不是异类，他们大都已经把对某一件事物的热爱与执着融入日常生活中了，

空　白

在别人眼中是装，在他那里就是日常。网络上经常充斥着《文艺青年必看的250部电影》《文青穿搭指南》《文艺青年必去的十大古镇》等文章，而我理解的文艺青年，一定不是别人说必看就会去看，不是别人说要这么穿就会这么穿，他们有自己的专业领域和知识体系，对这个世界有自己的认知，而不是根据网络的说辞把自己伪装成文章里的样子。失去了本真和个性，谈何文艺呢？

如今我渐渐从害怕中跳脱出来，内心反倒渴望做一个真正意义上的文艺青年，平和独处，宁静致远，在喧嚣之上建筑自我的精神世界，而不是用虚无的标签来粉饰自己内心的空洞。安静地看书、写作，与这个世界和另一个自己对话。可是现实生活却给了我莫大的压力，我甚至连辞职的财务自由都没有，但我又不想舍弃跟内心对话的机会，我只能不断地为正在迷失的自己写文章，提醒她不要忘记在忙碌的生活里寻找片刻安宁。最近看到有人在探讨一个问题，当自己变成了从前讨厌的那种人，有多糟糕？过去的我一定会觉得没有比这更糟糕的事了！此刻我竟然犹豫。对我来说，过去讨厌的不代表一辈子都讨厌，人的观念也随着经历的不断积累发生着变化，褪去了年少的青涩与轻狂，不再蛮横无理，不再咄咄逼人，渐渐开始对自己和这个世界宽容起来。从前我看不到权与钱的游戏，不用考虑明天怎么生存，也不知道坚持初心是一件多么困难的事儿，在我还没来得及改变世界时，我可能就已经改变主意了。变成自己讨厌的人，也许是人生必然要经历的过程。这是文艺青年不得不面对的现实。如何顶住生活压力又不放弃文青的态度，这才是需要解决的问题。

熙熙攘攘皆为利往，这样的氛围下，让“文艺青年”四个字在时代的大潮里变了味。当人们热烈讨论窦唯在地铁里的打扮时，我们似乎能从中看出端倪，大多数人关心的不是一个人的作品与内涵，而是外在的改变，我敢打赌他们甚至没有好好欣赏过摇滚。真正喜欢一个人，就不该用自己的标准去改变他，这就是他真实的模样，他可以遵循自己的内心行事，我们外人不必指指点点，这才是文艺青年的精神。

如果你正在经历着现实的折磨，但还能在如虎口般的生活里以自己的方式寻找精神世界，那么希望我们能成为朋友，或者只是让你不要绝望，这世界上还有与你相似的人。

现实与网络的边界

我第一次读到的网络爱情故事，是痞子蔡的《第一次亲密接触》，那时候网恋是一个极其危险的词。我只记得小说的标题，却怎么也想不起情节了。网络上的情谊，似乎更容易如镜花水月，看上去很美，实际上是虚无缥缈的。10 多年过去了，互联网的火苗早已在这片土地上烧成了燎原之火。每天我都可以通过网络认识无数人，网友见面甚至结婚都不再是新鲜事儿了。可能是在互联网行业工作的原因，网络已是我真实生活的组成部分，我也越来越相信缘分与气场相合的说辞。

对于某些火星人或传统行业的人来说，网友这个词仿佛还是跟欺诈、危险等词挂钩，而对于我来说，网友早就成为将我从无趣生活中拯救出来的救星。这不是说现实生活中遇不到有趣的人，只是现实与网络在我这里的边界很模糊，甚至早已交织在一起。第一份工作，让我跨入了互联网行业。在我对这个行业毫不了解的情况下，我有幸来到了一个牛人辈出的地方，这对我来说是宝贵的一段经历。那时我对技术、产品、运营、设计都一无所知，在办公室看着那些头顶名校光环或者大牛帽子的人，只是远观，不可亵玩。当时也不知道他们到底牛到什么程度，但小白如我，在那个环境中也得到了快速的成长。与比我更聪明、更勤奋的人共事，让我认识到了这个世界的宽广。他们是一帮技术牛人，有些人只钟情 technology，有些人却热爱 social，很多人在网络上只用一个 ID，很容易就找到。跟我一起实习的妹子是个搜索爱好者，我们加了领导、同事们的微博，无聊时就开始分析网上哪个 ID 对应周围哪个人。那时微博发展如日中天，有次妹子加了对面帅哥的微博，聊了几天他都不知道妹子是谁，终于有一天他想起来问，妹子尴尬地说我就坐在你对面。能干出这种事情的人真的不多，很微妙。还有一次，在电梯里遇见一个人，莫名就举起手冲他打招呼，他惊了一下，说你们认识我？我们尴尬地说，听过你的分享。殊不知其实我们已经关注他的微博很久了。这两个小例子，主要是用来说明现实与网络的边界对我来说其实是模糊的。在公司每天都能遇到几个迎面而来的人，他们的网络 ID 早已为我们熟悉，我们也会经常评论转发，偶尔还会被我们拉出来八卦，线下却没有讲过话。

离开这里后，我去了集团另外一个公司，却怎么也找不到当初的快乐，我愈加感谢这份经历。几年过去了，我在 2 号线地铁上，突然听到有人喊我的名字，我循声望去，此人颇为眼熟，看一眼我就知道他是别的项目组的老同事，却一时叫不上名字，我也惊讶竟还有人记得我的名字。最近老领导又重新拉了一个群，看着那些熟悉的 ID，一些人我无论如何也想不起他现实中的模样，却读过他很多文章。

走入互联网这些社交圈子，重新定义了网友对我的意义。因为热爱网络社交，加之参加各种行业活动、公司客户联络，对见网友似乎早已轻车熟路。甚至连换工作面试，我也会尝试线上沟通，线下碰面。我不排斥结交新朋友，但我也有自己的判断。通过翻看一个人的主页，我就能大致了解此人是否值得结交，难免误伤，但多数奏效。我也和一些网友在豆瓣、微博、简书上认识后因志趣相投变成了非常要好的朋友。我们谈论的话题更多停留在兴趣层面，很少涉及日常生活，在茫茫人海中遇到同类真的不容易。

试验室

聊天打屁时毫无压力，负面情绪爆棚就痛快吐槽，网友见面这事儿也是顺其自然。他们跟我现实生活中认识的人不一样，是从千军万马里筛选出来的，臭味相投，颇为有趣。

我在豆瓣建了一个小组，叫“读一本书爱一个人过一生”，这个组建立已经有 5 年多的时间，有时候想想太不可思议，5 年时间能发生什么，我们谁也不知道。虽然我们过去二十几年没有任何交集，但在这个平台，我们收获了彼此的情谊，这就是网络的微妙魔力。通过豆瓣我认识了几个好朋友，我们很少谈工作，更多是见证彼此的感情有了归属，我们还去深圳参加过一个妹子的婚礼。聚在一起时大家聊的也是各自在每个城市的生活。这些只谈风月的朋友，给我的生活带来了有趣的桥段。我还遇到过一个做前端的男生，时隔好几年我们只见过两三次面。有一次我们好几个人在一起聊天，各种吐槽日企怎么坑爹。几年前他就跟我说可能去武汉，偶尔我看到他微博，还会问什么时候走，但他一直没有离开，后来我干脆就不问了。直到有一天，有人在豆瓣回复我说认识我，我不知道这个ID对应的人是谁。经提示，原来是他，他已经离开上海了。人家一改名字和头像，我就完全对不上号了。有时我不得不感慨，人与人之间的缘分居然这么浅，有些人即便认识了，也可能很少有再见面的理由了，但他还给予了我不止一次的小帮助。

喜欢网络的人，可能内心都有一份孤独感。也许现实生活并没有什么问题，工作稳定，家庭和美，但真正意气相投的人却少之又少。在我的世界里，网友与现实中的朋友是没有差别的，合则来，不合则去，能真正在一个人的生命里留下痕迹，也是不容易的。这几年，看着他们的改变，爱装的越装越起劲，失意的人重新找回自我，单身狗如今为人妻为人夫……从网友到朋友，这些友情大部分都与文字有关，内心颇多感慨。

尽管每个人都面临生活的琐碎，但我们也知道彼此都心向诗意和远方。

对自己诚实是一件难事

很多人跟我一样，从小就无法对自己诚实，且先不管心智成熟与否，我们在做出选择时往往都无法遵从自己的内心。周遭环境给予你的压力，有比你想象中更强大的力量，在不知不觉中改变了你。不知从何时起，我发觉人最痛苦的是发现仅凭一己之力连自己的生活都改变不了。

面对升学压力身心疲惫，还必须强打起精神，摆出一副好学生的模样；暗恋一个人，热衷于观察他的一言一行，却不能明目张胆地表达；遇到了挫折，想大哭一场，却要假装不屑；不想参与应酬活动，只想一个人待着，却为了合群必须参加；跟朋友有了各自的生活，已经没有共同话题，却还在思索为什么变成这样；明明不屑父母的决定，却常常因为他们日渐年迈而妥协；对婚姻失望，却身陷其中，生怕单亲无法好好养育孩子，引来各方舆论的压力……

从每个人的社交网络看来，好像周围的所有人都在拼命奔跑，一跑就是好多年。有人结婚生娃，有人远走他乡，有人毫无音信。虽然我曾经也被 Eason《好久不见》打动过，但更多时候，我没空去你的城市，也没空看你最近的改变，我们都是一样，画地为牢。大多数时候，我们都无法跳脱自己为自己画的那个圈，我们看着别人离开，自己却留在原地。我注册了那么多社交网络，到后面才发现，每次聊得最多的总还是那么几个人。时光荏苒，转眼比我年纪小的都已经开始工作，同龄人也开始谈论中年危机。而我距离上次深刻喜欢一个人已经三五年，我一边感慨时间的流逝，一边送别过去的自己。中间也不是没有尝试去喜欢另一个人，也有人断断续续路过我的生活，不巧的是，我们都是彼此的浮云。现在的我已经从过去的阴霾里走出来了，对爱情，对未来，依然有期许，但也变得淡定。唯一想跟过去的自己说一句，对不起，我没能做到一生只喜欢一个人。我问他们，有没有遇到一个人，让你突然觉得所有的错过，都是为了等到这个人。有人给了肯定的回答，有人笑而不语。对于未知的以后，我无法这么武断，而一段没有爱的婚姻，似乎比坟墓更恐怖。现在的人太自私，甚至没空去了解清楚一个人，快餐式的感情成了常态，各种手段技巧甚至可以写上好几本书。几年前看完《爱你就像爱生命》，我竟如此羡慕王小波与李银河，现在还有多少用文字交流的感情啊。内心有个叫作理想主义的怪物，迟迟不肯到来，也从不愿离去。

回首往事，并不是没有任何遗憾，但对于我来说，一路上都有朋友，也一直是自由身，就已经很值得高兴了。我不喜欢玩表面功夫，不喜欢敷衍别人。频繁出现在我生活中的人，我会尽我所能

要有光

表现出我的真诚。但请原谅我不是一个超人，无法把所有事情想周全。这几年我总算明白，原本以为会待在一起很久很久的人，也可能转头就消失在自己的生活里。有时，我真为自己的无能感到愤怒，这痛苦的根源啊，知道的越多，无力感越强。而我也开始慢慢接受这个现实。

我写着别人的故事，也总想着回头看看自己走过的路。我曾是一个较真的人，却也变得越来越圆滑。我希望在面对有些人时，我还能是那个简单的自己。如果一个人有足够的智慧了解游戏规则，却无法利用周围的资源，这也是一个很可悲的事情。为什么人那么容易被改变？未婚女青年，这个词对我来说只是一个普通的词，我不急于摆脱它。曾经的我想要到遥远的地方去看看不一样的风景，长大一些才发现少女情怀的作祟并没有让我的生活发生实质性的变化。我真正追求的东西是什么？现在我开始不再追逐遥远的以后，谢谢所有我遇到的人，让我认清了，眼前拥有的才是最珍贵的。这些话，说起来都自带着矫情味儿，但太真实了，真实到让我忽略了它的矫情。

我们每个人都在跟另一个自己博弈，那个阴暗的自己，被欲望、懒惰、自私的情绪压制着，可突然有一天，他就来到了你身边。我说要对自己诚实，不是指要释放内心所有的恶魔，让邪恶的小人杀死正义的小人，从此唯利是图、冷酷无情，而是要明白一件事，人生短暂，精力有限，情感可贵，你最希望把这一切用在谁身上，用在什么事情上。

曾经的我觉得自尊心比什么都重要，当一个好人比什么都重要。我害怕麻烦周围的人，怕别人对自己有成见，对每件事都小心谨慎，生怕做错了什么。我必须要做个好学生，考上名校是我的人生目标，可我的高考却遭遇了一个大溃败；我必须当个好女儿，在爸妈跟前帮助他们一起解决问题，可家里还是矛盾不断；我必须做个好班委，无论什么通知，都要事无巨细地通知到每一个人；我必须当个好同事，只要大家给我的工作，我一定要好好完成，不能有任何怨言；我必须当个好朋友，听朋友口中说着随便都行，却对我的安排各种不满，我还不能发火；我必须当个好女友，整个脑子都快想爆炸了，内心的疑惑却一句都没有跟对方提。曾经我以为当个好人比什么都重要，但最终发现我无法满足所有人的期待，反而压抑了自己真实的情感与想法，缺少了灵气与张力，变得畏畏缩缩。我的时间花在了我看不见的地方，我感到恐慌、迷失、困惑。

曾经的我不止一次被一个男生朋友指责思维混乱，感情用事，胆小懦弱。在现实中遇到问题，我经常会犯迷糊，被扣了一顶不靠谱的帽子。虽然我有一些天马行空的奇怪想法，但我自以为比起很多人我是靠谱的。那段时间我一直没办法好好面对，心想我对他不错，为何他说话却如此伤人。从小到大，我很少被人批判，我没当过坏学生、坏朋友，可能是因为我是个好人，所以他们不忍心说我。他说的某些话，一度让我对自己产生了质疑。我有他说的那么不堪吗？我一时无法接受，却忍着不说，我想为什么会变成这样。后来我发现问题不是出在我一个人身上。他有自己的一套思维模式，他不屑于用同理心去理解他人，在他眼里别人通常是又笨又傻，他喜欢掌控生活，让一切朝着预期发展。而我跟他有很大差别，我的成长环境让我不得不去体会别人的难处，我喜欢发现别人的优点并将其放大，生活对我来说充满了不确定性，我无法将之固化。这些在他看来就是人生目标不清晰。印象中有一次我们发生争执，他说，伤心的事总是有的，不是所有的事都有机会再做第二次，要做就做好。生活中到处都是伤心事，我怎么会不知道呢？我尝试像他一样思考问题，也看到了自己的软肋，我调整了一些处事习惯，但依然保留了自我。

后来我和他把话都说开，把各自的想法都说清楚，我们依然还是朋友，只是做出了不同的人生选择。他要去追逐事业的成功，婚姻的美满，我都一一认可和祝福。我不完全认同他的想法，我也会按照自己的节奏去生活。这段经历给我上了一课，很多事都不是能一刀切定好坏的，人与人相处，也是如此。我必须对自己诚实，表达真实的自我，这才是舒服的状态。我不是不爱周围的人了，只是我需要比以前更独立。我也不是要变得白目，不分场合不分人随便发泄情绪，只是我发现与人保持适当的距离是一种礼貌。从前我不喜欢一个人吃饭，总觉得孤单，但现在我常一个人去商场的甜品店吃东西，我不再害怕。有一次朋友说要聚餐，我看了1个小时给出了四五个选择，最后他来一句每一个都很杂乱没特色，都不想去，那就取消吧，彼此都不高兴，下次再约呗。

为什么对自己诚实是一件难事？是因为我无法选择自己想要的，或者当我选择了之后，会对别人造成成吨的伤害；也是因为我无法坦诚地面对自己的自私、无能、局限、无趣，还非得告诉别人自己过得很好。人之所以累，是因为对自己诚实的勇气都没有吧。每个人都有权选择自己的人生。什么是选择？选择就是每当我做出了决定，注定会有一个更好的假设，来推翻我当初的决定。如何解决呢？似乎只能让自己变得强大，有能力做出更好的选择，对喜欢的事情说 Yes，对不喜欢的事情说 No。无数个黑夜黎明，我问自己，到底什么才是最重要，其实我也说不清楚。我一次又一次地尝试改变，而有些习惯却坚持了下来，比如写作，比如安静地独处，也好。我常常想，既然选择留在了上海，不努力就失去了留在这里的意义。虽然我还是没能克服拖延症，但还是希望自己能走在写东西这条路上。我只是其中的一粒沙，但我幻想有一天我能够看见大海。

图书馆二三小事

这里恍如繁华都市里的一座安静的城堡，虽然安静但一点也不可怕，反而能让人安心。在这里，我可以随便找到一个角落坐下来，周围有很多真实的人，我感觉不到孤单，他们却也与我无关。我并不清楚周围的人来自哪里，在做什么。这里是浦东图书馆。

知识的海洋

坐在我旁边妹子在奋笔疾书，看样子像一个高中生，我已经忘了有多久没写字了。前面的汉子端正地坐着，不知道在翻些什么，看样子像在看财务书。时不时路过的小孩还发出嬉戏吵闹的声音，引得一阵骚动。书架背后一个穿着靴子的男人在轻声地打电话，看不清脸，只能看到轮廓，目测是一个俊秀的男人。还有人在玩手机，也许他是在欢乐地刷社交网站，也许他在跟附近的人打招呼，也许他是在自拍，然后上传社交圈。旁边的小男孩关上书自言自语说英文单词也背完了，今天效率太高了，爸爸又去哪里了。我提醒他衣服掉了，他毫不怕生地说了谢谢。这巨大的空间，冬暖夏凉，天文地理，琳琅满目。我喜欢在这里打发时间，这是我最喜欢的独处方式，尽管有时也会困到睡着。我一边思考今天要收获什么，也一边漫无目的地在书架前游荡。图书馆里的灯是自动感应的，有人路过时就能听到“叮”一声响，灯亮了。这个人性化设计让人对此印象大好。这里座位经常被坐满，有的人跑到角落里席地而坐，或者坐在台阶上、沙发上、地上，大家也多习以为常。每层的设计都是整片的落地窗，让人的心也像明镜一般，如果看不清还可以开桌上的台灯。来得早可以用图书馆里免费的WiFi，或者用i-Shanghai，这个限制使用2小时，但是比较慢，如有重要的事非得用网络处理，还是乖乖在公司做吧。最重要的也是最开心的是，你能发现有很多人和你一样，都在认真忙碌着。

人到图书馆总是要思考的。最近在思考的问题是年纪对一个人的影响到底有多大。几年前，工资比现在低，住的吃的比现在差，整个人却充满活力，每个周末都想跑出去参加不同的活动，认识不同的人。而最近，更希望能静静地享受一个人的时光，不受打扰地做好一件事，热闹的现场分散了我的注意力，令我感到恐慌。时间给了我紧迫感，书到用时方恨少，好动与浮躁让我没能真正做好一件事。人有时是空洞而寂寞的，尤其是没有精神寄托的时候。有些人为事业忙碌，有些人为家庭操心，以至于注意不到那些。而我纾解孤独感的方式，就是沉浸式看书。一个人待在房间里，时不时想吃东西，想站起来走走，想整理一下房间，想去一下洗手间，想看一下视频，各种打扰会让我一下午都没做任何事情，放在手边的书也只是象征性地翻了翻，就又过去一天。而图书馆，作为专门看书的陌生人聚集的公共场所，让我不得不抛开所有杂念，只做一两件事，效率就蹭蹭蹭提高了。

沉浸式体验，我喜欢这个词。无论是看书还是打字，我都希望不受到任何干扰。对于爱看书的人，我总是抱有更多的欣赏与认同。当然，我自然是不喜欢书呆子的，如果缺了独立思考，请不要说喜欢看书。我常常装模作样地告诫自己，无论怎么都是过一天，为何只想着吃喝玩乐呢，理智的时候会这么想，但放弃诱惑的次数很寥寥。细想一下，书能带着人走进另一个世界，当真的了解某个行业，心中的恐惧便少了一些。如果你真的想拥有相对自由的生活，就应该选择放弃眼前的诱惑，高效地去完成自己认为最重要的事。别问我什么是最重要的事，我回答不上来，否则我早就自己去做人生赢家了。

浦东图书馆的设计从里到外都令人一见倾心，不用凭任何证件就可以进来，大多数人可以自觉保持安静，每个人都可以沉浸在自己的世界里，无人叨扰，获得内心的宁静。图书馆对面的某学校占地面积相当大，建筑也很醒目，每次路过都让人浮想联翩。马路对面是上海的高价小区，一般保安会拦住闲杂人等不让进门。这两个地方都进不去，唯有这书架结构的图书馆的大门，是一直向普通人打开的。每次路过一排排古籍、专业书籍和外文文献时，觉得自己什么都不懂，这种渺小感吞噬了我。

那是一个秋天的午后，我给自己的影子拍了一张照片，顺便矫情地写道：时光已带我们入了秋，今年的夏天不太热，夕阳透过落地窗，温柔地洒在每个人的脸上，桌上，书上，侧过头，你看到了自己的影子落在了地上。这里就是这样，任你矫情任你飞，反正没有人知道。

本书的部分增删内容就在这里完成，这是我最喜欢的一个地方。马上又要搬家了，这陪我度过很多孤独假期的图书馆，有缘再见。

理想书房

我有书房一间

从小我就幻想自己能有一间属于自己的书房，这个梦想到现在还未实现。常年漂泊在外更是基本没有机会，或者说懒于行动。此刻，之所以有这个题目，是因为以下文字来自于我的一个朋友，也算机缘巧合，本书有两篇别人写的文章，出自于我的两个老乡。

他叫寒子，请他来带我们看看他的书房。

打小我就喜欢看书，看得也杂。小时候，看自然百科、历史探秘；稍微长大，看人文经典、中外名著；及长，看政治经济、社会科学。这十几年，前前后后也积累了上千卷书。所以拥有一间属于自己的独立书房，算是我从小的一个梦想。后来，这个梦想不再是梦想，我给它取名“境庐”，取“结庐在人境”之意。

书房格局不大，一个内嵌式书柜，摆上榆木书案一张，椅一把，凳一双，也就稍微显得有些逼仄了。桌上干干净净，纤尘不染，平时无所放，读书放书，偶尔兴至，则置纸置笔搁墨。书柜赭色，阔高各八尺，分七层二十一格，顶上一层加二层一格置《二十四史》中十九史并《清史稿》，一格置《资治通鉴》，一格置汤因比《历史研究》、斯塔夫里阿诺斯《全球通史》、岳南《南渡北归》、修昔底德《伯罗奔尼撒战争史》、当年明月《明朝那些事儿》、陈寅恪《读书札记》《大学译丛·美国人》，一格置《陈寅恪集》《梁漱溟全集》，一格置《鲁迅全集》、普鲁斯特《追忆似水年华》，其余则宗教、自然科学、政治、哲学、心理学、社会学、旅行、地理、小说、散文、童话、诗词并语言类工具书、传记文学、琴书、经管等。

书房，看得见风景的房间。《看得见风景的房间》，爱德华·摩根·福斯特的小说，里面有一句对白：“女人总是喜欢看得见风景的房间，而对于男人来说，风景是在心里的。蓝蓝的天，小鸟的歌唱，这一切都在心里。”对于我来说，风景不是门前绵延数公里的千株柚林，不是出门左拐就能看到的奇峻雁荡山系，而是午后阳光下在露台温一壶清茶，是听妻子弹几段舒缓的钢琴曲。千古文人佳客梦，却是红袖添香夜读书，人生得意，大抵也就如此了吧。

书房，追寻前人的足迹。每个爱读书的人，无论性格、境遇如何，内心都是一个独立精神存在。儒家崇尚格物致知、正心诚意、修身、齐家、治国、平天下，尽管千百年来，经历各种解释，每个人的理解、表述也都不尽相同，其实到底还是在追寻儒家这套法则，殊途同归罢了。不说“为天地立心，为生民立命，为往圣继绝学，为万世开太平”，出世也好，入世也罢，每个人在这世上都有自己的精神追求。对我来说，只要不忘康德的墓志铭——“位我上者，灿烂星空；道德律令，在我心中”，秉持自己内心的最高追求，也就足够了。

书房，心灵栖居的地方。生于1989年的我，最喜海子的诗歌，如《秋》《亚洲铜》。这个秋天，我再次想起了海子。

秋

秋天深了，神的家中鹰在集合
神的故乡鹰在言语
秋天深了，王在写诗
在这个世界上秋天深了
该得到的尚未得到
该丧失的早已丧失

这就是寒子和他的书房。2014年，这年他25岁，遭遇了有生以来的第一次变故。经历过这段苦痛，也许，对于死亡有了更深的理解。人，诗意地栖居在这大地上，死亡，是诗意的最深诠释吧，因为死亡是瞬间的永恒。这么多年，他说他还真没有好好理解自己看过的一些作品，大都是囫囵吞枣。有时候也发些牢骚，现在看来，也无非是“为赋新词强说愁”，不知道真正愁为何物。而人生之所以有趣，恰恰是所有遇到的人和事，都能让我们更深刻地理解生活。

第二章

独自打拼的孤独与喜悦

神秘的程序员

我说过我想为IT圈写点什么，最终决定从程序员开始写。程序员这个职业，在博大精深的360行里，可算不得大众。之所以被众人熟知还是依靠综艺节目，当张江男站在全国热播的某征婚节目的舞台上，他的穿着、谈吐、情商，种种表现让人们多了茶余饭后的谈资，程序员才开始被大众知道。创业公司四处丛生，互联网公司上市造就财富奇迹，智商高、情商低的程序员成了抢手的香饽饽。有人开玩笑说："嫁人就嫁程序员，钱多事少死得早。"但大多数人对他们的了解，仅仅来源于新闻，大多数人还认为程序员一定要会修电脑。

《神秘的程序员》，这是我很喜欢的一个连载漫画作品，解读着最真实的程序员世界。这漫画的作者是个设计妹子，她有一个写作和写代码都特别好的老公，可能二者真的有共通之处。我特别喜欢"神秘"二字，没错，对于外行来说，这个职业确实从头到尾都散发着神秘的气息。普通人看程序员的桌面，看到的基本就是满屏的字幕，完全看不懂在写什么，我就曾以为程序员的英文都很棒。事实上并不一定。程序员的世界好复杂，他们的语言的数量之多超出了我的想象，Java，C，C++，PHP，Python，Delphi，Javascript，Ruby，等等，他们经常在讨论究竟哪一种是世界上最优秀的语言。他们还要讨论什么编辑器是最棒的，为此事争论半天。不仅如此，程序员还要让自己的软件适应各种浏览器，各种屏幕，进行逻辑上的周密部署，考虑到可能存在的所有错误情况。光想想就觉得这是一群神秘的高智商的人，否则怎么能解决那么多问题。

神秘的程序员

因为工作关系，在过去的几年里，我接触了很多程序员。为什么我要从程序员讲起，因为这个群体对我的工作生活产生了巨大且广泛的影响。说到这，我要先插播一段王小波的故事。相信各路文艺青年对王小波不会陌生，更有“王小波门下走狗”这个人群的存在。我也喜欢他的作品，他笔下塑造了很多经典有趣的人物，既穿越时空，荒诞不经，又贴近真实，似乎能真切感知到他们的存在，在虚妄中发人深省。他本人说过，人拥有此生是不够的，还要拥有诗意的世界。甚至王小波还影响了我的择偶观，到现在我都固执地希望未来对象能是个有趣的人，就算认清了生活的真相，还能不失去热爱生活的能力。我在一段时间里集中读了王小波很多书，一开始我并不知道他是个程序员，有次看到一个同事提起他，才去细细翻了他的履历。很多人只知道小波的作家身份，至于他程序员的身份，想必只有小波迷才知道。我认识几个工科男，钟爱他的作品，更因为他这个身份而对他喜爱有加。

之所以说到王小波，其实是想说明一个问题，程序员这个群体不像外界流传的那样只会沉浸在代码的世界里，用现在流行的说法来讲，这是成功的跨界。

回到正题继续说说这个群体，因其在网络上密集度高，常常被黑，低端黑、高端黑，更因为他们善于自黑，有时也上演程序员相轻的戏码。他们对于被黑这件事，大多时候只能一笑而过。但也不要低估了他们的实力，黑起人来不是人。这几年，想起我遇过的那些工科男，留下的大多是好印象。因为生活圈子相对简单，获取信息的能力强，又善于分析总结，不少人都是有理想有抱负的好少年好姑娘。当然，木讷迟钝的也不是没有。程序员首先是作为人而存在的，跟别的行业一样，也有各种各样的人，有人们刻板印象中不解风情的张江男，有高贵冷艳的冰山美男，当然也有负心薄幸的渣男，更多的是和你我一样面对生活压力努力奋斗的普通人。

程序员也分很多种。有智商没情商的，这类人有时傻得可爱，有时傻得可恨，活在自我的世界里无法自拔，因人而异，有些闪闪惹人爱，有些则令人无语抓狂；没智商也没情商的，无奈成这样的，就自己回家洗洗睡吧；有智商也有情商的，这类人也不少，常会有“给我一个支点我就能撬动地球”的感觉，志得意满，飘飘然也。我说的这几类，也是把他们极端化了，他们也是普通人，非得把他们单独拎出来说事，没有实际意义。如果认定他们没情趣低情商，那只能说是接触得太少，刻板印象太深。我观察下来，这还算是一个有趣的群体，他们一直在解决问题。这个行业也不是清澈见底，跟别的行业一样，有远大理想，也有不少黑幕阴暗。唯一特殊的地方在于这个行业很大一部分人都是靠技能吃饭，甚至有人说，选择这个行业是因为它能给普通人翻身的机会，对此我不予置评。每个人都面临一个又一个人生选择，可能我们都或多或少质疑过自己的选择，想象着如果当初不这么这么就好了，但质疑当初对事情的结果起不到任何有益的作用，不如好好思考下一步的行动。虽然我不是程序员，但我知道他们中很大一部分人，都曾抱有改变世界的想法，也许最后是岁月磨平了他们的棱角，但他们仍然是最活跃最有执行力的一个群体。那些真正知道自己要什么，很快找到方向的人，跟他们的勤奋分不开，跟幸运女神的降临也分不开，不是每个人都有如此福分的。

一个人拥有此生是不够的，他还应该拥有诗意的世界。我又重复了一遍这句话，这就是既为作家又为程序员的王小波说的，而我对此深信不疑，不能让生活这样无趣下去。神秘的程序员，也许正在通往星辰大海的路上。

产品汪

Tequila

大多数人都不知道“产品汪”是什么东西，这可是行业里的“黑话”哦！我先申明一下，这并不是东西，而是一类人！没错，就是一类人！在每一个人都离不开网络的时代，你可以不知道“产品汪”，但你总得多多少少知道程序员吧，就是传说中无时无刻想着“要么改变世界，要么滚回家”的光芒四射的软件工程师！啥？这都不知道！好吧，就算不知道这个，你总该上QQ，上微信，打个游戏，发个微博，看个豆瓣吧，没错，大微信也离不开产品汪！他们是这样一群人，给众网友提供精神食粮，给高富帅提供娱乐生活，大隐隐于市，深藏功与名。

最近产品汪也不再像以前那样不为人知了，不知哪位兄弟写了一本书，标题大约是“人人都是产品汪”，以至于所有人都以为自己也可以胜任这一职位，事实上则见仁见智。当好产品汪也是一门技术活。他们无时无刻不在揣测怎么能让自己一秒钟变小白，怎么能得用户者得天下。说这话的大牛渐渐多了，天真的新晋产品汪们就当真了，甚至奉为“葵花宝典”了。不要因为挂个经理的头衔，就真把自己当根葱了。好的产品汪，应该始终都保持一直学习的状态。这个世界变化太快，人喜新厌旧的速度也越来越快，要抓住那些不变的东西。马斯洛需求层次为啥到哪里都能用，大致就这个理了。这段写得有插科打诨之嫌，不过也的确是现状，人人都可以尝试做产品，但可不是每个人都能成功。好的产品汪必须兼具逻辑思维能力、用户同理心，能够挖掘用户真正的需求是什么。能画图是可以量化，可以考察的，但对产品的敏锐度却不能定量。

一开始，我对这个职业的认知很粗浅，一问三不知。经过几年的耳濡目染，再加上喜欢整合信息，我开始慢慢了解并且喜欢上这个行业。对外行人来说，这个行业很新奇，很神秘，正因为如此，所以令人着迷。普罗大众喜闻乐见的新闻，都是谁谁谁一夜做出了多么牛的产品，一下子融资了多少千万……这些赤裸裸的数字也给广大屌丝制造了一种幻觉，有朝一日我也能像他一样成功。媒体是一个筛选器，他们展示给人们的新闻，经过层层筛选过滤，他们知道广大用户希望看到的是什么。但现实并没有对创业者有什么眷顾，十赌九输，十次创业有一次成功就不错了。在坚持创业终会成功的华丽表象之下，很多人蹚起了这浑水，但没有人能随随便便成功。这些都是后话了。媒体对创业和产品来说是一把双刃剑，一定要善用，说不定一个创业公司的产品因为媒体而声名大噪时，某些巨头就会出手也做类似的产品，到时哭都来不及。

对于产品汪这个岗位我是再熟悉不过，每天都能接触到，身边不少朋友投身创业大潮，其中有不少人都是做产品出身，我也曾经做过一年多产品相关工作。常常有人问起我的工作到底是什么，一般我会这么解释：决定一个界面的排版，这里放什么，那里放什么。我通常懒得说更多，懂的人多讲一句都嫌多，对不了解的人讲再多还是似懂非懂，隔行如隔山嘛。多数人也只是出于客套才问问，我也没必要真的就给人科普。我先简要描述一下这个工作，产品策划、产品运营策划、交互设计师，总之这个职位的相关

title 不少，各有侧重，但到底跟互联网产品相关，通俗点来说，所谓的产品，就是各种网站、软件。关于这个职业，可以用一个简单粗暴的词语来形容，那就是“产品汪”。之所以有此昵称，应该是一种自嘲，号称对各个部门负责，实际上就是经常对各个部门狂吼、讨好，为所有人看家，还时不时被嫌弃。当然，如果做的产品抓住了众屌丝的心，那么从吃力不讨好的产品汪，一下子华丽翻身成为女神级、男神级人物，这也不是不可能的。不过鉴于做到这点难度不是一点点，有梦固然好，也不能脱离轨道。但如果这个行业都不再做梦了，那么这个世界还有希望吗？产品汪其实是一个类似保姆的职位，什么都要操心，项目进度、用户体验、设计风格。好的产品汪必然是个多面手。

行业内关于产品经理，程序员，设计师的故事和段子层出不穷，不少喜欢互联网的人往往思维活跃，长篇大论的科技博客都能写，写个段子更不在话下。有些产品经理被炒得神乎其神，大家都跟拜神一样的，每个人都在说做产品需要对人性有更深层次的把握与洞察。有些产品经理被程序员当作一坨屎，连代码都不懂就瞎指挥。

什么才是真正的产品经理？做产品的终极奥义到底是什么？每个人都有各自的判断，但主要看老板怎么想。当需要开发一个新功能，产品经理是这么想的：真正的好产品能让人耳目一新，切实解决用户的需求，必须小而美，快速迭代，不然容易被抄，也可能如绚烂烟火，红过一阵就悄无声息了。设计师是这么想的：必须按照我的设计做，产品经理到底懂不懂交互设计，懂不懂审美？程序员是这么想的：又让老子开发一个新功能，修 bug，到底用户需不需要这些功能。最后老板说：想要真正了解一个产品的精髓，首先就是要抄，每一个像素都不能不一样！

一切听老板的！

说点正经的，真想做好产品经理，就必须时刻保持好奇心，拥有同理心，思维活跃，不是在学习，就是在学习的路上。好奇心驱动我们去了解世界，同理心帮助我们更好地理解人心，做产品的本质是发现一群人的需求，解决他们最关心的问题。除此之外，最重要的就是学习。记得我刚接触产品这一块时，有一次项目组邀请其他团队的产品经理、程序员来给我们现有的产品拍砖以及提建议。我画的图被项目经理摆在 PPT 上，当场有个哥们儿就说你们是不是没有画图的人，可以向我们借。台下的我真当有些无地自容。后来，项目经理又找我谈了谈，让我去买书，下载资料，系统地进行学习。我开始折腾各种软件，力求用最简单的方式完整表达自己的思路与想法。虽然我已经离产品汪这条路越来越远了，但这段短暂的经历教会了我用同理心去思考。

产品汪是一个对综合素质要求很高的职位，懂产品逻辑、业务逻辑、实现技术、设计审美，把控项目进程，作为一个合格的产品汪，这些事情都要操心，拿着白菜钱，操着白粉心。而当看到团队的产品被大众接受并传播，这种幸福感也是不言而喻的。每次看到一个很棒的网站或软件，我都由衷为之赞叹，谁解其中味。经常有人说互联网创业是最空手套白狼的，没什么固定资产，一开始都是赔钱货，忽悠用户和投资人。但大众看到的是一种现象，在这个急功近利的、缺乏创新的环境里，互联网创业是茫茫中的一道光芒，也许会指引部分人选择了错误的方向，但至少还是引导我们跟随时代的巨轮滚滚向前。

人有时犯贱加无聊，就会产生一些奇怪的念头。我对着镜子，放着歌，伸着胳膊腿儿，捋捋长发，心想做不了最牛的产品，就做头发最长的产品。网上曾流行的一句话："待我长发及腰，少年你娶我可好？”找了这句话的出处，一对一起长大的少年少女，女生为了追赶优秀的男生，也得了什么国际大赛的奖，她男朋友第一，她第二。她的头发又黑又长，她跟他站着一起拿着奖杯，笑颜如花，让人羡慕。这样励志的姑娘现在少了，大多数人都疲于付出，只顾抱怨为何人家长得好。可是，人家说了，就算你头发长，首先你也得有个少年，然后还得有腰。把希望都寄托在别人身上，这样怎么能轻易得到幸福呢？所以也不用想太多关于少年的问题啦！但最近我似乎明白了一个道理，不管做什么，做不到金字塔顶端，只是庸庸碌碌地做一个打工仔，其实做什么又有什么差？一个朋友说工作只是为了吃饭付房租，别看得太重。可是我好几年的人生里都只有工作啊！我怎么能当它只是一份糊口混日子的活儿？我这么一个热血青年，难道就此养老吗？肯定不行，让我们举起创新的大旗，脚踏实地地干活儿吧！如今我不做产品了，却仍对好的产品充满热情，希望世界能变得更加美好。

做互联网产品的，总是要给自己画饼，否则怎么拿这个饼去吸引其他人。

运营喵

运营和产品经理一样都是保姆，只不过产品经理是专注于产品的保姆，而运营是全公司的保姆。运营有个雅称，叫运营喵。不知道为何，我总觉得猫似乎比狗更优雅，也更有心机一些，更适合做运营的吉祥物。COO，首席运营官，看起来是高大上的词汇，对公司业绩与财务负责。但光鲜亮丽的背后，还需要团队一起来撑起产品的运营。普通运营者的工作是极其考验耐心的。运营的效果更多时候是潜移默化的，不像产品新增了一个功能，就立即能看到用户是否有涨跌。运营要结合渠道、市场、商务、用户进行综合评估。作为一个涉足过产品与运营的人，更加深刻地认识到运营离不开产品，运营与产品是天然联系在一起的，谁都离不开谁。好的产品，必须解决核心诉求；而好的运营，必然要更快更好地传播这个产品。

我曾经对未来产生过深切的迷茫。我曾坚定不移地决定以后都做产品相关的工作，做了一年多也碌碌无为，我又觉得自己可以写文案，但终究又动摇了。在很长一段时间里，我都没做出自己想要的成绩，而是在一个坑里做着无关痛痒的事，这绝不是我的本意。后来我还是选择了做运营，我无意对这一职业发表长篇大论，无论如何也写不出《如何获得1000万用户》这种书。有人说作为一个优秀的运营人员，当产品也优秀时，一定能让它家喻户晓，当产品烂时，也可以让用户边骂边用。但即便有这样的运营方式，也绝非长久之计。所有把用户当傻子的运营都是耍流氓。运营是集耐心与用心为一体的工作，体力与脑力要并用。运营跟其他技术比起来，也是一门精深的学问。运营要深刻理解产品，懂得用户，清楚商业模式，对数据负责，对 KPI 负责，对财务状况负责，所有的工作最终都是希望获得美好的用户数据进行流量变现。而这一切的基础就是产品的的确确满足了需求，并且打败了大量竞争品。所有的细枝末节都可以称为运营，而想把这行做精做深却很难。

我很有自知之明，网友的大智慧远远高于我的小聪明。无论做什么产品，把大旗交给用户，是一个明智的选择。我是一个懒人，把决定权交给用户，把内容生产交给用户，把分享传播交给用户，抓住核心的用户，就像抓住救命稻草，与此同时不断完善产品，打造产品独特的文化。做运营跟做产品一样，一定要理解用户最关心的问题，并且帮助他们解决问题。如果一直都做不到，他们就会渐渐流失。好的产品关注功能，优秀的产品关注情感，好的运营关注用户量，优秀的运营关注留存。

我第一次接触运营工作，是做一个语音相关软件。那时处于摸索学习中的阶段，经常在想用户到底都四散在哪里。我一向自诩喜欢看书，而一旦让我去推广一个能读书软件时，我甚至发现我不知道这些爱读网络小说的孩子都在哪里！擦！应用市场、论坛、微博、豆瓣、百度知道、贴吧，这些地方我没少晃悠，我做了很多基础的工作，说到底还是要看流量。在这个过程中，我添加了各种各样的用户，有奇葩的，有善意的，有搞不清状况的，也有比我还懂产品的。如果你跟我一样还有足够的耐心，就会发现跟他们相处也是一件有趣的事。当然，必须明白一件事，用户的需求永远是满足不了的，他们会提出一个又一个问题，在处理时要综合考虑各种情况：这个需求是否是一个亮点，是否有足够的人力去实现，

苏苏的黄小萌

成本又是多少……提炼需求、优化产品是核心目标。

刚提到我是一个懒人，比起大量的重复劳动，更倾向于用数据说话。不管是产品还是运营，数据是最不会骗人的。流行的敏捷开发，灰度测试，精益创业，其精髓都是要小步快跑，随机应变。很多人都在强调产品的小而美，运营也应当如此，船小好调头，通过观察各种数据，找出最优的渠道组合。如有人真对此有兴趣，请一定要实战啊！给大家推荐几本书吧，《精益创业》《从 0 到 1》，这些书在市面上都很火，但当你真正做了产品，做了运营，才会有更深的感悟。呀，被发现了，我其实也是个运营新人哦！

一八此行深似海，创新狂想曲

我是一个常常会寂寞的人，也是一个会自我排遣的人，我希望我能为所有寂寞的人做点事情。我不是想拯救他们，而是同为寂寞的人，我想给自己，也给他们一些宽慰。但我也在考虑如果我做的事连我自己都得不到快乐，又怎么能给他人带来乐趣？当我对一件事的爱慢慢消磨光了，它就不再那么有趣了，甚至会让我焦灼；当我坦然接受它，反而会越来越发现它的好，完全换了一种心态。因为热爱，简单琐碎才变得有意义。想做好一件事，必须发自内心地喜欢和坚持。

不管是生活还是工作，我希望能找到属于我的热爱，全心投入我的热情，这种想法一直存在，而找到我愿意全心投入的兴趣或事业，却并不容易。当我止步不前时，我最大的绊脚石其实是我自己。无聊的生活少了调剂就变得彻底无聊了，我为这样的生活感到恐慌。对工作生活不满意，要么离开，要么停止抱怨，其实没有更好的选择。我的职业生涯不算太长，但我还是想谈一谈这一段生活经历，以便大家更好地了解互联网这个行业。

我提过，几年前，也不知道是哪来的勇气，我来到了传说中的大上海，进了一家互联网公司，开始了沪杭两地的奔波。当时只有一个想法，那就是改变现状。这段时间，我学到的最珍贵的东西，是勇敢尝试，正视自我，以及理解他人。我所在的部门是几个人

起飞了

的小团队，那时我们正在孵化一个技术性非常强的产品，我只是个打杂的实习小妹。入职后不久，有种吓尿了的感觉，同事们都牛得不行，不是清华的，就是复旦的，要么就是交大的，各种研究生、博士生。他们大多谦和低调，没有架子，兴趣广泛，我很喜欢这个环境。有个同事还给我拷贝了好几个 G 的《银魂》，这是多么有爱的人呐！如果不知道《银魂》是什么的请自行百度。这段时间，我获得了人生中最轻松愉快的学习环境。

进入这个行业，我发现搜索是一项非常重要的技能！分辨信息的真伪价值也是一项技能。我之所以能成为现在的我，跟我遇到的人有莫大的关系。我也慢慢开始培养自己的审美，拥有评判产品的标准。这个时候我对互联网的概念还停留在腾讯、百度、盛大、网易、人人与豆瓣。彼时，2009 年新浪微博刚内测几个月，我是新浪博客的忠实用户，因此我也开始用微博了。在公司实习的大半年，我从一个什么也不懂的傻姑娘，慢慢成长起来，我所处的环境与接触到的人，给了我很大的成长空间。这是我的第一份工作，在这里，我遇到了很多有趣的人，他们令我终生难忘。

第一任上司的思维方式很严谨，逻辑永远是排第一位的。而我最缺乏的就是严谨的逻辑，周全的考虑，我也尽我所能去锻炼，虽然有时不得其法，但总归比过去长进了。因我在网上比较活跃，也善于与人线上沟通，所以后来我们的产品上线后，我就开始写一些基础的文案、微博、新闻稿。我们是 10 人以下的小团队，两年共事时间不算短，人际关系简单，这又是我第一份工作，我对这个团队有很深的感情。而职场不是一成不变的，人事流动在所难免。我的第一个上司离开时，我挺难过的，到现在我还记得第一次面试他到公司楼下接我们的场景。因为穿得实在太随意了，哈哈！我给他发了一封道别的邮件，当时我觉得我挺怂的，但还是用自己的方式跟我的第一个上司告了别，感谢他给了我一个机会。

后来，我开始接触互联网产品这一块东西。每个阶段都是一个学习与沉淀的过程，这是我最幸运的地方。不在其位不谋其政，当人换了一个角色，肩上的责任与担子不一样了，就可看出人与人的区别了。项目经理找我们一一谈话，我印象很清楚的是，他问我以后想往哪个方向发展。这是当时我正在思考的问题，只是我还看不清楚方向，对很多事情的概念都比较模糊。在整个谈话中，他给我指了一条路，尝试朝产品策划以及运营相关的方向发展。

“我是一块砖，哪里需要就往哪里搬。”再加上我也很乐意做这个事情，于是我开始摸索起这条路。我喜欢与人相处，因为常常能从别人身上看到自己的弱点。之前的一段经历，我意识到自己做事粗枝大叶，爱拖延，不会取巧，急急躁躁的，执行力强却常比较莽撞，不大会权衡利弊和揣测他人的真实想法。这对新人来说是难免的，也跟我的性格有关，经验太少也是原因之一。所幸公司当时对团队不采取强制考核的政策，还允许我们不断学习与试错，我能在全新的领域尝试自己动手，做自己想做的事情是多么幸福。到现在我都很感谢这个项目经理，感谢团队和公司，能放心大胆地让我一个新手去做从来没有接触过的事。

其间，有几个细小的插曲令我印象深刻。那会儿我刚开始运营产品的官方微博，用修图神器 Photoshop 搞了几张图，那时我的审美也真是惨不忍睹，现在回过头去看以前我画的图，难看到不想承认是我画的，当时也没有多想，好不容易画完就扔到微博上去了。后面我收到了一个同行发的一条私信，严肃地批评了我，说这张图的难看程度已经超过了他忍受的底线，一定是实习生弄的吧之类的。那会儿“临时工”这个词在微博还没有火，不然真可以用一下。我一面觉得委屈，一面与别人的图做了对比，果然很难看，人家的批评是就事论事，也没啥好不爽的。后来，我对那位先生表示了感谢。到现在我已经记不清他的微博 ID 了，如果有一天能打上交道，一定要跟他说说这个故事，可惜没机会了。

还有一次，公司组织向下招募兼职记者，当时那个总监看了我写的采访稿后喊我过去面试。当青涩的我忐忑不安坐在他对面的时候，他抬起头，看了看手头打印的我的稿子，说的第一句话是：原来是个小姑娘啊！我还以为……然后，他开始分析我文章的结构，说我写这篇文章是多么取巧，跟我随便聊了两句就把我打发走了。他都不知道我在写这篇文章时做了多少功课，做了多少沟通。先是厚着脸皮找采访对象，占用他的私人时间，然后写稿子，修改，给采访对象过目，再修改，再跟采访对象说明这稿子其实是我的任务，不是实际发出去的。整个过程远比他看到的复杂，前前后后至少改了四五遍。他没有选择我，到现在我都觉得这事儿挺遗憾的。同时我也明白了一个道理，人在适当的时候一定要懂得表达，一定要注意自己将和谁打交道。这些工作中遇到的小挫折，给了我锻炼的机会，也让我慢慢开始认识了职场。我很庆幸，也有很多人在我茫然无知的时候，没有狠狠地打击我，而是给我了指点。

因为实习时还要经常往学校跑，所以周末会去公司上班，然后调休。有天周末中午在办公室的休息室里晒太阳，正是深秋时节，午休晒太阳的光景真是太美好了。我跟一起实习的姑娘在休息室发现了一个小玩具，是一个小车，拼合好以后可以接收太阳能，然后自动滑行。姑娘对此表示兴趣浓厚，这时过来一个大叔，他也是来玩的。看他拿到一个玩具开始玩，我们就凑上去搭讪，让他教我们玩，还告诉他我们在拼小车。随后大叔走了，我们的小车也拼好了，我们在小车旁留了一张纸条，希望那个大叔能看到。后来那个大叔果然看到了！在这里叫人家大叔难免有装嫩的嫌疑，不过也确实有些意思。再后来我们知道了这个大叔的名字，但人家不一定认识我们。在公司，我们认识他，他不认识我们的情况太多了，这还真有点小微妙。后来得知大叔是腾讯出来的产品经理，非常厉害。

那会儿我还保留着在网上写日记的习惯，我把生活中的细节都写了下来。后来发现碎碎念是不可取的，尤其是现在的网络如此发达，我又不大注意保护个人隐私，随随便便都能够被逮到。还好我基本不做坏事。写东西时，我刻意用字母代替人名，因为怕万一被谁看到，甚至读大学时写在本子上的日记也是如此。现在让我去翻，我都不记得有些字母代表谁了，好悲剧。大概是念初中时写的日记被人翻出来过，所以莫名其妙地留下了阴影，也算是对自我与朋友的保护吧。这些实习日记在现在看来依然是可笑而幼稚的，但我已经学会坦然接受过去幼稚的自己了。那是特定年纪的呆傻，不能因为如今长大了就去讨厌过去的自己，否则成长还有什么意思。我希望今后好好历练，真正有能力独立完成自己想做的事情。至于人脉，尽管我知道要主动多跟人交流，但是我总是一贯地顺其自然。我都说我骨子里是个内向的人，大家还非得说我外向，哈哈哈。不过，现在比以前好多了，虽然偶尔还是手忙脚乱，不知道如何应对，小聪明也不是每次都奏效的。

在这个行业打杂了一两年，更容易信任从事互联网的人，他们对用户总是相对友善的，而且他们总是容易就被搜到，很多时候他们存在的目的就是昭告天下他们的产品存在是有价值的。所以他们不怕曝光，也不怕人群，他们需要走到最普通的人中间去。而且，闷骚的人们更多时候乐意在网上津津乐道自己的生活。信息的透明让一切变得简单，掌握几条信息就可以以此类推，大致了解一个人，甚至他的圈子。当然，也开始发现有些人在意自己的隐私与信息了，但真要是被盯上了，这些也是徒劳。从前不比现在，信息大爆炸时代，人人必须掌握的技能是获取与筛选信息的能力，若真想知道什么，别问我怎么回事儿，我只给你指条明路，这条路的名字叫大谷歌搜索！到目前为止我都没觉得自己是一只靠谱的产品汪，我无法拍着胸脯说，我正在做着改变世界的事情。就像我的一个程序员朋友说的那样，你们还不就是抄抄这里，改改那里，你们做过的东西，别人没做过吗？是啊，没人说过创新容易，如果真的那么简单，某些人能以此为幌子到处忽悠人么？我又一次高端黑了。

有人说一入此行深似海，从此节操是路人。作为一个 IT 女，我对网络保持了足够的警惕，当然也凭借自己对信息的筛选能力，成功地结交到了几个要好的朋友。我对网络的喜爱绝对超过害怕，当我越明白这个社会在资源分配上的不公平，就越珍惜网络上存在的开放、公平、分享。网络不是被妖魔化了的怪兽，而已经成为一种生活方式，不要害怕，让我们拥抱这个时代吧。

出于种种原因，我所在的公司不少团队都解散了。我认识的人陆陆续续地离开了公司，这种感觉就好像所有人已经准备大干一场，上阵时大家却缴械了。说实话我也挺不好受的。其中有各种利益的博弈，众说纷纭，每个人都要捍卫自己的利益，但真心怀念那段日子！这是个可以创造奇迹的行业，也是一个说挂就挂的行业。也许正因为存在着风险与机遇，才被那么多年轻人青睐吧。想想真心酸，错入此行误终身啊！一直在讲些有趣的人与事，但别想得太美好了，我只是一个擅长发现小而美的人，却不是一个能洞悉所有艰难困苦与阴谋阳谋的人。就是这么些零零碎碎的一些事，让我拥有了不少青涩又美好的记忆。

这是我的第一份工作。我经常开玩笑说此生认识最牛的人都在这里了。大老板曾经说过一句话，每个人都有属于自己的基因和生活，做你自己，而不是你以为的那个人。保持本真，执着努力，这是我从他们身上学到的。

台湾男生 J 和他的音乐世界

置之死地而后生的感觉，从未体验过。这个故事的主角是一个台湾青年。这是一个有关音乐和理想的故事。“理想”这个词逐渐被异化，很多人听到这个词不再有敬畏感，冷漠的呵呵足以诠释人们对理想的态度。人们都很忙，没有时间关注你的理想，他们连自己的理想都关照不到，哪有空管你的。

说到音乐和理想，突然想到郝云的民谣——《突然想到理想这个词》：“春眠不觉晓，处处问题不少，我的生活越来越浮躁，没有时间弹琴看书，没有时间享受孤独。嘿！最近突然没什么灵感，一心只想着怎么去挣钱，可做起来哪有说的那么简单，一年到头来，我还是一个穷光蛋。”喜欢民谣对现实的俏皮吐槽与满满无奈，那么真实地唱出对自我和周围的认知。我不知道 J 有没有听过郝云的这首歌，我一定要推荐给他听听。J 来自台湾，跟他的相识纯属偶然。他要做的事情很明确：推广芬兰的一个吉他学习软体，帮助每一个想学吉他的人，成立软件体验中心。台湾人管软件叫软体，第一次在台湾综艺节目上听到这个词觉得翻译得好生动。推广网站或软件，是每个互联网创业者必做的事，所有人都在嚷嚷着用户体验，也都默认刚开始创业不挣钱这一个事实。这么大的话题，这里就不展开来说了。但问题还是来了，J 很疑惑，为什么在这里大家都觉得软件一定要免费？这是一个大话题，暂时不继续深入。

被问到人生经历，他笑笑说，初中时打电动，高中玩社团，高三毕业开始学打鼓，大学一直玩。毕业后，当兵 11 个月。在台湾，成年男子都要服兵役，对个人来说，这是意志的磨炼，也是对等级的认知。J 说，当兵就比较无聊枯燥，训练强度大，一直跑步，对上级要绝对服从，现在每天 6 点钟就会起床，就是延续那时的习惯。因为他想看看外面的世界，就申请了东吴大学的海外就业计划，在上海的一间医疗公司当了一年会计。这个就业计划也很有趣，面试时不告诉你去哪个地方，结果出来了直接问去不去。在大陆的大学，大学生很少有这样出去见世面的机会。为什么不考个 CPA，顺着这条线继续发展下去呢？一年后 J 也面临自己的人生选择，最后他得出的结论是人生不一定非得这样过。于是他就开始了漫漫创业路。在他温柔的外表下，有一颗敢想敢为、躁动不安的心。

J 是一个理想主义者。他说过一句话很打动我，传统教学方法，学音乐很贵，我想做的是改变这种状况，之前我去琴行面试老师的时候，他们说我最终的目的是把乐器卖给学生，教学只是手段，这完全不符合我的初衷。理想主义者在心怀改变世界梦想的时候，总是散发出无比灿烂的光辉。他们比我们这些旁观者更清楚前路的艰难。一个人创业，要独自去承担所有事务。大到注册公司，小到设计名片。连发传单这种小事，也有很多技巧。J 说在琴行周围发，才能找到精准客户，带孩子的家长应该算目标客户了。前阵子某网站离职员工写了一篇如何有效发传单的文章被很多人转发，那位大哥谈到的用做产品的思维发传单，还用上了 AB test，真是一门技术活儿！事实上，我们绕了几圈发现，线下店铺的客流量远没有我们预期的多，也许也从侧面反映了网络对实体店铺的冲击。在创业的过程中，要琢磨的事情太多了！他还告诉我，他去松江大学城周围摆过摊子，希望靠弹吉他吸引学生，还买了可爱风格的卡贴，准备送给他们，但就是很少人来了解，大陆学生还是太害羞了。

作为一个好奇宝宝，台湾和大陆的文化差异是我最好奇的一个部分。他给我看了一个视频，是关于台湾文创产业在上海的一个活动，他也想把台湾的文化介绍出去，告诉人们台湾不仅只有吃的。他刚来上海时不理解的东西有很多，为什么上网要翻墙？为什么上海人聚集到一起就讲上海话？为什么人们这么害羞，总是看看就走？…… 每一个为什么背后都是不同的差异，就要一个个去习惯，去克服。学习翻墙技术哪家强，适应他们的交流方式，也习惯被拒绝…… 我问了一大堆的问题，他总是笑呵呵的。我跟J认识的时间不久，但他所做的事情却让我感到了他对梦想的执着，他在做很多年轻人不敢做的事儿。人在试图改变些什么的时候，需要更强大的内心与执行力。未来充满了不确定性，如果想做一件事，大胆地去尝试，拿出诚意与信心。

学吉他要准备的器材很简单，一把吉他，一个麦克风，一台电脑就够了，在家就可以学习。我曾经去他的工作室学习了几节课，他的工作室是由大学公寓改造的，面积并不大，周围都是做电子商务的。我能看出来他在创业的几个月过得并不宽裕，而他坦然处之，如果换作我，我一定会放弃，对未来的不确定性，让我没有勇气坚持下去。他的房间里都是乐器，有一张沙发，我问他住哪里呢，他说就睡在沙发上，深秋时节沙发上只放了一块薄薄的毯子。我去学习时说一定要给学费，他只是象征性地收取一点费用。我带朋友去过几次，我们聊起J的时候，我表达了我对J的欣赏。在这个浮躁的社会，能坚持做喜欢的事并不容易，带着理想主义色彩的就更不容易了。我一向对坚持的人抱有极大的好感，朋友则用了两个字来评价J，平和。无论当下的处境多么艰难，他都能以最平和的心态去对待，我并没有在我周围的其他朋友身上看到这种品质。

人生至少要追一次梦

在这个不大的房间，有他的基本音乐设备，Fender 吉他，Orange 音箱，RoomRhythm Trak RT323 鼓机，AKG Studio K240 录音室耳机，Roland 电鼓，DW9000 单踏板，还有一台德制混音器 +Solar LE 音乐编辑软件。他从台湾搬来这么多东西，却最终选择了离开。我依然记得第一次我坐公车去他的工作室，我坐在车上张望是否到站，突然一个大男孩使劲地敲了敲玻璃让我下来。我说，你怎么知道是我？他说，我也不是很确定，但看你在张望，就赶紧让你下来，免得坐过站。

在这里 J 遇到了奇怪的人，他说这里连创业园区都乱收费，要收取不正当费用。他说他还是不够了解这个他才待了一年的地方，他无法接受某些突如其来的不公，也许台湾更适合他。一直听创业的人在说创业，但作为一个上班族，我始终都无法感受到作为一个创业者，当口袋里最后一分钱花光是什么感觉。那时候他们会想什么？是期待绝处逢生，还是会想十八年后哥又是一条好汉？如果这辈子能体验到这种感觉，相信也是无憾了。北上广不相信眼泪，但创业总会面临人间百态与艰难困苦，但很少人关注现在他们的状态。主流价值观关注的，永远是少数成功者的奋斗史，还有给大众灌输心灵鸡汤励志学。很多年轻人被主流价值观压得喘不过气来。我们这一代，多少人能自信说在做想做的事儿？我只想用朴实的文字来记录一些不为人知的故事，以此共勉。

最近一次跟他聊天，得知他去了一家台湾的数字音乐公司，也属于互联网行业。他是真心爱音乐的人，祈祷上天多多眷顾他。有些人匆匆路过我的人生，想起来都是温暖，这样也就足够了。

平凡之路，从产品经理到创业者

在某浪的软件风靡大江南北的时候，我还不认识他。作为某浪知名软件的产品经理之一，他之前的人生我一无所知。人生何处不相逢，相逢何必曾相识。我是一个慢热的人，与他人成为朋友容易，却很难推心置腹。在我的人生哲学里，真正美好的朋友关系，恰恰是君子之交淡如水，意气相投，彼此欣赏。我有个习惯，就是凭蛛丝马迹来判断一个人，网络世界里接触的人太多太杂，为所有人加标签做分类也是我的职业习惯。志趣相投，这是我最喜欢的标签之一，他就属于这个分类。

谁解其中味

众所周知，任何互联网创业，创始人一开始必然是要担当一个保姆的角色，什么事情都需要掺和一脚，操着卖白粉的心，忽悠一帮兄弟努力干活。接触天使用户，获得初始数据，运营这活儿可谓是重中之重。一开始的产品设计我们可以靠经验常识，但如果一直如此，缺少数据支撑，可能就会失去良好的用户体验。一个偶然的机会，我接触到了这个网站，也遇到了正在无时无刻不在联系用户的网站创始人。在中国，创业是艰苦的，同时也是充满想象的，这正是创业的魅力所在。而抱着釜底抽薪之心去创业的人很多，有不少人在大公司占坑时就私下开始了创业之路，再伺机出走。很多创业者不得不向现实妥协，但即便艰苦却能野蛮生长，还有机会大放光芒，所以有人前赴后继。人们看到的是希望，却不解其中味。听说，他也是在离职前就开始做项目，这个项目最大的吸引力在于他们首先用团队协作的模式，创造了这个网站。所有用户都可以复制这种模式，把自己的创意变成现实。

这是一个有情怀的项目。我们不缺乏有想法的人，只缺少坚持执行的人。无论是工作还是创业都是如此，有千万颗悸动的心在等待同类出现，他们知道孤身一人无法战胜拖延症、懒惰鬼，还有残酷的现实。人需要群体的力量，每个人都有擅长的领域，线上协作可以改变人们当下的工作方式，这是一种创新，而问题的症结在于如何解决分歧，如何决策。人们正儿八经地发现问题，解决问题，积极参与，不知不觉成了潜在的创业者。

就这个项目的细节问题，我作为普通用户，曾经与他发生过争执，通常我们觉得自己的想法很昂贵，想法就是商业机密，绝不能让任何人窥伺。我也坚持有些想法最好不要公开，我和他就此产生了分歧，但他一遍遍告诉我，公开、分享、凭兴趣参与，这就是这个产品的核心。我国有这么多人，什么想法是别人想不到的？从这件小事可以看出创始人对待普通用户的态度，也可谓敬业专业耐心，算得上职业客服的水准了。晚上 11 点还在跟用户讨论网站的功能，半夜 2 点睡觉是常事，创业的艰辛旁人真的不懂。

这样的坚持，让这个产品获得了口碑。数据是衡量互联网创业成功与否的最重要的标准之一，每一次突破都值得庆祝，但战役却刚刚开始。辗转听说后来拿了一次投资，斥巨资买了双拼域名，我由衷为此感到高兴。PayPal 创始人在《从 0 到 1》一书中提及，创业就是要创新，而非竞争。他们的产品能改变部分人当前的工作方式，协作习惯。当然朝九晚五的上班族工作无法在短期内被取代，但这给了人们更多的选择，除了工作以外，我们还有机会找到一群志趣相投的伙伴，去完成共同的想法。自由职业，创业者，这些名词听上去都很美好，但这是少数人的专属。或许我们能期许，他们的网站能帮助不想在大公司办公室工作的人们摆脱束缚。

创业是一条艰辛又漫长的路。当我提及要写一篇文章时，他回复说，我的故事很平凡，如果你不嫌弃就写吧。如今的创业堪比造星，什么传播手段都需要用上，唇枪舌剑不在话下，相爱相杀的画面真是令人不忍直视。约架的是他们，竞争的是他们，联合的还是他们，连跌宕起伏的 CXO 绯闻戏码也不断上演，真是用生命在经营企业啊！比起媒体的这些炒作，这是一个平淡无奇的故事，但也许是一些不甘平庸的人会选择的路。前阵子找他聊了几句，他激动地告诉我网站转型了，看到了吗？我当然看到了，但用心在创业的人啊，从言语到行动都可以看出来呢。祝福龙哥。

七年，从工地搬砖到互联网 CEO

他是我念大学时逛豆瓣时关注的，那时豆瓣的台州人不多，看到觉得有趣就关注了，至今豆瓣里还保留着我们的对话记录。偶然相识的友情有时比刻意认识的长久一些，那时我听他说有个朋友正在创业，做了一个温州本地论坛，需要编辑活跃社区气氛，我自告奋勇，几天时间发了几百条帖子。因为这些小事结下了点缘分，后来他做了媒体人，从上海去了北京，几年后的如今又回到了上海创业。我们断断续续，算是一直有联系，说话不多但还是有关注。七八年过去了，至今只见过一次，还是去他公司正儿八经地跟他们公司的同事们做交流。看到我发的众筹出书项目时，他说必须要支持一下。也许我们都是执着的人，能够坚持七八年做一件事，一定是真爱啊。

他叫林辉，扑克投资家。以下是他的创业自述：从工地搬砖到互联网创业，这一路，我用了 7 年……

始于兴趣，如今却担负使命！是时候为大家做一些更有意义和价值的事情，不忘初心，我们一起启程……所以这篇文章最终是为了找到新战友和更多志同道合的朋友。不想看我唠叨的请翻到底部。

我们是大宗商品及金融领域门口的野蛮人。先自报家门，我是扑克投资家微信公众号的发起人，背后有一个微信号叫“扑克小王子”。今天我只分享这一篇文章，希望您能看完。每天坚持分享 4~5 篇大宗商品及宏观对冲领域最有干货的文章，这件事，我坚持到了第 316 天，到如今在业内小有名气。这中间，非常多的人，包括机构，问我：你是怎样做推广的？我的回答是：几乎没有做过推广。全是靠内容和口碑的力量。有了这些基础，事情到了我迈开第二步的节点，正如标题所说，我全身心投入创业了，想做点不太一样的事情。从大学毕业的建筑工作，到如今互联网创业，正好 7 年时间。

我希望以互联网的角度，用互联网的力量去切入大宗商品领域这个既古老又传统的势力。我希望整合大宗商品产业链上的所有人、事、物，让它们在我们构建起来的生态系统中实现自循环自增长。对互联网的热爱，让我有幸进入互联网和财经媒体的世界，这个机会是商业价值杂志给的。对金融的情愫，驱动我幸运地加入“中国证券研究黄埔军校”申银万国证券研究所；而在彭博商业周刊的工作经历中，我进入了一个更加深邃的大财经世界中，在此期间认识的朋友彻底点燃了我藏匿心中多年交易的火种。因我老婆工作的关系，我开始尝试期货交易，我领略到了大宗商品世界的魅力。种种因素、机缘巧合及内心的悸动，催生我如今的创业项目。

作为大宗商品领域门口的野蛮人，我们将整合三股势力——金融、大宗商品、互联网。这个想法很疯狂，但初生牛犊不怕虎，我既然来了，就会一直走下去。关于我的“初心”，可以微信回复“初心”查看。在这个由国家驱动到高潮的创业潮中，我选择了一个似乎不那么热门的角度去创业，但这不是青春的冲动、资本的力量、大众传播的狂潮这三种合力的结果，这是一个基于充分分析试探试错，且稳扎稳打探寻出一个极大可能性的理性选择。

316天持之以恒地推送有价值内容的背后，是看不到的努力。我们会在半夜2点钟突然想到文章标题，或者一处细节还可优化，便跳下床打开电脑进行修改。每天下班之后，我们通过微信群交流当天及近期的选题，进行文章的搜集、整理、编辑。每个周末，我们游走于上海的各大咖啡馆，一起讨论产品以及下一步计划，为了内容的质量乃至一张配图或产品的细节经常争论的面红耳赤引人侧目。最终，我们将微信做成了一个拥有复杂关键词网络的大宗商品领域“搜索引擎”，我们制作出来的大宗商品百科全书已有数千万人次的阅读……那个牛气逼人的瑞典导演英格玛·伯格曼说过一段话，大意是两群人忙忙碌碌，都在搬砖，一群人说：对，我们就是在搬砖。另一群人觉悟很高，他们骄傲地说：我们在建设大教堂。也许这段话该作为我们团队的座右铭被记录下来，我愿意相信自己，相信团队，相信你们。

在运营扑克投资家的过程中，我有一串长长的需要感谢的名单，我的家人、我的团队小伙伴、我的投资人……当然从创业本身来说，最值得表达谢意的人是我的用户们，无论是金融圈、期货界还是大宗商品领域，我们得到很多前辈的指点。来自新疆昆泰集团、嘉吉中国、普氏、中期协，粮油业老兵如今准备在木业掘金的耀东大哥，来自象屿股份、恒福糖业的朋友，以及在期货市场厮杀多年的老兵……更直接的帮助来自上海煤炭及物流龙头企业及准备在大宗商品跨境电商掘金的前辈……1个2000人QQ群，4个专业微信群，以及4000多名微信好友，需要感谢的人太多太多。在未来的日子里，希望能够和你们有着更多的交集，我们的梦想离不开你们的支持。小楼一夜听春雨，江湖夜雨十年灯。相见恨晚，让我们来一场长期的约定。

创业是探索人生最大的可能性。我曾经说过，我最终是一定要创业的。这是我骨子里的东西。从建筑工地到一流财经媒体的转型，我用了4年时间；从媒体到顶尖的金融研究机构，我用了3年时间。然后，今年4月底，我决定在股市最火爆的风口，从证券行业离开。随后我的老婆带给我人生中最大的礼物——我的女儿，给我莫大的幸福和措手不及。

在互联网的视界中，创业仿佛是分分秒的事。在各种媒体上，充斥着创业英雄们的故事，或鼓舞人心，或荒唐可笑，随随便便做个概念讲个故事就能融到上千万的传说乃至发生在身边的案例。在身边，我的很多朋友曾经的同事也纷纷投入创业大潮，雄心勃勃准备大干一场。整个空气里都荡漾着淘金梦的气味。

而当我真正投身其中的时候，我发现完全不是这么一回事。辞掉工作，拿到投资人的钱，拉着小伙伴开工，其实我懵掉了。从表面上看，我每天忙成狗，一点点把构建一个公司的各种组件和

改　变

元素组装拼凑起来。然后，组织团队磕磕碰碰地走向我们编制起来的目标。实际上，我用了 1 个月的时间，才把内心里的那份强大找回来，用我小伙伴的话来说，我好像从一只绵羊变成一只狼。但对自我的否认、确认这个过程会循环往复。

我需要向我的伙伴、我的用户、我的投资人不厌其烦地耐心地传递我的想法，解释我是谁，到哪里去，怎么去。我需要关注每一个细节，不厌其烦地处理各种琐碎之事，不断地逼迫自己走出心灵舒适区，不然怎么办啊？然后我发现创业真不是一般人能干的，时时刻刻的焦虑无穷无尽的煎熬。但剥开创业痛苦的内核，迷人的一面展露而出，它提供了一种可能性，让你可以最大可能的按照自己的想法去塑造一个全新的自我，去构建一个属于自己的空间。创业的旅程能够让你有足够的压力去总结你的过去，去探索人生最大的可能性。未来是不可预知的，创业让这种不可预知变得更加扑朔离迷更具戏剧性。

实际上，回顾我的过去 10 年，这也许算得上我的第二次创业。第一次是在大三下学期，彼时我的同学都在忙着准备简历找工作，而我则在朋友的鼓动下，加入一个创业项目，一共 3 个人，准备大干一场成为电子商务大佬。过于超前的概念，以及对于互联网的一知半解，这个烧掉了 10 万块钱的项目成果仅仅是注册了个公司，以及做了一个半成品网站。我们蹲在寝室里一本正经地写着商业计划书，吃着泡面做着年盈利千万的梦。那段创业时光在旁人看来也许很可笑，但于我而言是一次珍贵的经历。我开始探寻互联网世界的神奇，也感受到了资本市场的悸动。随后我匆匆忙忙找了一份本专业的工作，和项目创始人也失去了联系，他有一个很励志的名字，张坚强。在这里，我希望能够通过这篇文章找到他。

王大宝，非典型性程序员的曲折创业

几年前，在一个不熟悉的朋友的怂恿下，我机缘巧合去上了几节业余空手道课。教练热爱这项运动，但在国内又很难找到同好，为了把空手道传播出去，他免费教学，只收取场地租赁费用。教练是外国人，师母是上海人，因为不是强制上课，所以场地费经常收不齐。教练和师母人很好，我帮忙在某网站发帖征学生，我帮他们征到了王大宝，就这样我们认识了，算是以兴趣为契机认识的。在大城市，有点小爱好不奇怪，不像小城市，玩个游戏看个小说就会有无数人苦口婆心地告诉你不要浪费时间和金钱。这里可以接触到各种各样的人，而且不管他是否奇怪，别人都不会太放在心上，不然怎么显示出大城市人们的见多识广呢。一开始我就觉得王大宝是个奇怪的人，但我没表现出来。

王大宝，男，已婚，头发时短时长，180cm+，程序员，是个兴趣广泛之人，明明就是个敲代码的，却也写得一手好文——虽然我也记不清到底写得怎么样。每每提起编程与作家，总是想到王小波，刚好那厮也姓王，长得也很高，可能在某个恍惚间也觉得自己是王二转世了。他的朋友圈覆盖面广，奇奇怪怪的想法多如牛毛，听说最厉害时狂瘦 20 斤……不管怎样，王大宝做起有些事来还是相当靠谱的，请参考狂瘦 20 斤这一条。装 × 与逗 ×，不知道在什么时候成了生活的主旋律，更甚者出现了如何停止装 × 这种问题。现代人可真逗呐，太容易把一个词儿当回事儿了，这么认

逗 × 欢乐多

真也是醉了。

王大宝是做游戏的，跟我年纪相仿，令人意外地早早结了婚，辞职创过业，一路北上去旅行，走到一半时间不够又回来，最终从上海离开去了苏州，做过一份 5 点半就下班的工作，他说工作之外才是自己的时间，才要做自己的事儿。其实会写代码并不是什么稀奇事儿，在这个程序员爱自嘲为码农的时代，程序员也似乎不再是特别稀缺的人才。但他的思维方式，写文水平，对新鲜事物的好奇，解决问题的能力，才让我觉得惊奇。他身上有一种难得的坦诚，是一个值得信赖的朋友。我曾认真拜读过他的文章，跟我写的东西完全是两种风格，比如会加入一些打 DOTA 的桥段，细致描写男人的心理，这些生活经验是我作为女生所缺乏的，读来也颇为生动。遇到有才华的 IT 男，真是令人欢欣鼓舞呢。虽然他偶尔会有奇奇怪怪的说辞，比如我是焦虑症患者，从前不会跟人打交道，等等。

不过，正是因为这些奇奇怪怪的想法，反倒让人感到有趣。

王大宝的交友理论被我奉为经典，原话大意是，他交友只有三个准则，在专业里有突出表现的，有艺术鉴赏能力的，以及最后一条，“逗”，比如我就符合第三条。本来我还想反驳一下，可我竟然无言以对，因为我确实没法满足前面两条，只能将就套用第三条，否则连这朋友也交不上了。王大宝其人，令我对生活的可能性与必然性做过一些思考。比如最早从王大宝那里得知的一个名词，原子个人主义。通常，公共领域对私人意志存在的入侵与禁锢，人一旦有所作为就要为责任所累，必须活在众人的同情或仇恨的目光下，但个人意识存在突破公共樊笼的可能…… 最简单来说，社会舆论就是一种公共领域，但我们是否可以摆脱这个压力呢？

说实话，到现在我始终认为人如果不是强大到一定程度，是没法做到的，我已经不记得多久没有思考这么抽象的问题了。最初遇到王大宝，他是扎着小辫穿 T 恤的日系范儿的男青年，经过几年辗转，王大宝自然也有追求过衬衫西装风衣，甚至阿拉伯造型。但又听说此人后来蓄起了长发，改签名为：不能随意拉扯，不要过多使用吹风机，清淡膳食，戒辛辣油腻。后来被老娘发现，又变成了飘逸的短发。不过，就算再怎么强调，王大宝还是什么年纪做什么事儿，年纪跟我差不多，基本上该有的都有了。这不禁让人想到了一个悲伤的问题，同样 25 岁，为什么有的人已经小有成就，有的人还是一无所有？遇到高级黑了，我只能躲角落里去了。

王大宝也曾认真思考过创业的问题，他从游戏公司出来后想做一个本地的棋牌游戏。我听了他的阐述之后觉得，他这是给自己画了一个大饼啊。市场是存在的，关键是忽略了竞争，高估了自己的执行力，低估了对手。以为一个程序员加一个美工就能打遍天下无敌手了？这未免也太单纯。当时我没有给他泼冷水，一个在大公司打着一份普通工的我，有什么资格去批评人家的雄心壮志呢？据说王大宝当时完整的计划是辞职，北上旅行，创业。从上海一路到东北，我并没有问他这遭旅行收获了什么。听说旅行回来后，他就离开了上海，后来做了好一阵子才放弃。每个创业者都会经历的一段痛苦，他也经历过了。离开上海后，王大宝似乎也并没有回归家庭，还是四处折腾，甚至跑去俄罗斯旅行了很久。他又重新开始在公司上班，内心的骄傲从未放下。有一段时间曾合计着做一个软件，被我逼着写了一段时间，但最终因为没有安排好各自的角色而难产。有时我觉得我们并没什么共同点，唯一相似的地方可能就是不甘平庸，拼命挣扎着想保持一种向上的状态。

我跟王大宝不属于会经常联系的朋友，偶尔想到什么问题需要咨询，就联络一下。偶尔发神经会说要做一个 App，他来开发我来运营。但 App 已经难产了一个，还有一个待产中，希望这不是恶性循环的开端。我一向对写代码的同学抱有景仰之心，但计划赶不上变化，这就是人生啊！珍惜这个朋友的另一个原因是发现周围有趣的人越来越少了，越来越浮躁。也许是我自己变得越来越无趣了，有多久没静下心来认真做一件事了？多少人已经丧失了对这个世界的好奇心？不管是否创业，认真专业的人最可爱，光有逗这个属性，没有前面两条，装起来总是显得没有格调，通常我们说的 low，大概就是这样。听说最近王大宝又玩起了网球与潜水，据说之前玩棒球不成，太容易被伤害，而回血太慢。来，上文艺腔，有颗喜欢探索未知世界的心，就是老天对他最大的恩赐吧。这样的人会孤独，却不寂寞。

一个 App 胎死腹中，还会有千千万万个 App，这也许是一个玩心重的程序员需信奉的道理。人生有无数种可能性，创业路上的孤魂野鬼太多，有一些人会获得新生。

老腊肉的极客与文艺范儿

老腊肉三十几岁了。这不是一块腐肉，而是一块好肉。老腊肉不比小鲜肉差，有嚼劲，更有味道，这种经历时光洗礼的岁月感，容易让人好奇这背后的那些悲欢离合的故事。我跟老腊肉没有什么交集，我离他最近的物理距离，是在当时的公司办公室里，因为座位的关系，他坐在了我的斜对面。老腊肉是一个神奇的爷们儿，他桌上有 N 多显示屏，都是苹果的，我们私底下给他起了个外号叫苹果，那时候我们还不知道他真名。这也是为了方便我们在八卦他时不被别人发现。这大叔应该从来没想过有人会给他起这么 Q 的代号。第一次近距离观察老腊肉是因公司组织的一场活动，同事们一起吃完饭，奔赴一个小型音乐现场听民谣。吃饭时候，我、前台妹子、老腊肉排队时站得很近，我跟前台妹子之前就认识，我刚好又看出他想搭讪妹子，于是趁机问了他的名字。主要是方便我们继续八卦，知道名字可就好办事了，这个时代有两大利器，分别叫作搜索引擎和社交网络。

当时微博刚开始流行，我和妹子在同一家公司实习。据她回忆，老腊肉在她旁边坐了 3 个月，但两个人居然没怎么说过话。我们在不同部门，且在比较闷骚的 IT 公司，两人都不大喜欢自来熟，这也不足为奇。但他们在微博上却有不少互动。后来，他在微博上问妹子是谁，她表示在他右边坐了 3 个月但还是不知道该怎么介绍自己。第二天下午他忽然跑过来跟她搭话。中间搬了两次座位，坐得远了就又没话说了。后来又搬了，距离又近了。妹子说，那真是一段幸福的时光。老腊肉仿佛成了我们生活的一种精神寄托，无聊就可以挖挖他的故事。这是一个简短的故事，没有复杂的主线，更没有副线，除了物理距离短有一些交集外，再无其他。我无法根据这么简单的框架，写出曲折动人的爱情故事，我看到有一种情愫暗自蔓延，却未被表达，这是少女心在作祟啊。

经我们多方考证，老腊肉是一个文艺男青年。受妹子影响，我也开始关注起这个文艺男青年，只是我偶尔才会去看他的动态。产品如其人，他做的东西也带着浓浓的文艺气息，他网站地址都是以一个日本作家的书命名的。这种热爱真令人羡慕！连听他讲 PPT 都能充分感受到他的文艺与帅气！人长得帅，又聪明，又努力，就是做什么都出色，这才是颠扑不破的真理！老腊肉年轻时也是一块文艺的小鲜肉，他可能在大学里就遇到了自己的女神，他在博客里记录了和女神的一些生活片段，但不知道什么原因后来分开了，老腊肉没有说分手的原因，但字里行间透露出悲伤的情绪。很多年以后，老腊肉在没有女神关注的社交网络里，还会提到梦境里的她。这些片段在他的新版独立博客里已经难觅踪迹。太久远的事，也许保存到本地或其他地方会更好。技术上实现起来又不难，也许难的是心理上。

老腊肉爱摇滚，爱邓丽君；爱村上春树，爱日本设计，更爱《东京爱情故事》；他偶尔弹个吉他，也偶尔下个厨做个饭。以上都不是他的正职，老腊肉的职业是设计师，也是程序员，是个自力更生的创业青年，但他很少提到创业。老腊肉读过很多书，其中有很多关于日本的设计与文化，这些书的封面被他设计排版，放在一个页面上，虽然只是一个静态页面，也达到了一定的格调，会设计，会写代码的优势立即凸显了出来。每本书的超链接指向 Amazon，可以直接购买。虽然老腊肉活在自己的技术与文艺世界里，却也爱分享与表达，这是互联网精神，也是纾解寂寞的方式。

老腊肉无时无刻不在吐槽某些产品难用，被他表扬实属不易，不知道别人是不是也在吐槽他。或许因为过度追求软件产品的完美，老腊肉似乎容易对一件东西产生固定印象，仿佛世界非黑即白，一样东西要么好要么坏，似乎没有灰度可言。一开始你会觉得这人很龟毛，爱挑刺，但时间久了，就会明白，这也是老腊肉的魅力之一。老腊肉很高，寸头，天庭饱满，五官立体，身板笔挺，笑容灿烂，常年 T 恤、衬衫、毛衣、休闲外套，站姿笔挺，堪称长腿叔叔，但他有时会在别人面前说自己长得不好。不过土肥圆请自动绕道不要垂涎，老腊肉喜欢的是长腿妹子。

老腊肉的真人已经淡出我的生活太久，我偶尔会跑到社交网络去搜索，看看他最近又吐槽了些什么。这不是人肉他，也不是出于倾慕，更不是偷窥狂，我们“老腊肉观察小队”已存在多年。妹子对老腊肉的了解达到了一定高度，有一段时间，无论老腊肉在网络上做了什么，她都了如指掌，我们起哄让她找老腊肉表白算了，可是她却果断拒绝了。老腊肉不愿将就，真实又高冷。他在网络里营造了一个世界，我们只是怀着八卦的心来了解老腊肉近况。我倒是很想知道这个集颜值、文艺、执着于一身的老腊肉的理想主义爱情，是否最终能找到归属。

出于种种原因，老腊肉在上海的事业未能继续，他去了北京。朋友对老腊肉关注的热情也开始降温，我也很少主动去查看他的消息。老腊肉在北京的创业项目不知道如何了，听说他后来回到了上海，经历了一次病魔的意外恐吓，还好有惊无险，但也促使他开始思考人生了。他依然极客，分享技术；也依然文艺，时不时更新看了或听了哪些书影音；他也依然挑剔，无时无刻不在吐槽。

这些都是他人生必不可少的东西吧。

对于他的现状，妹子依旧是一副超级了解的样儿，时隔多年，还有点想看他说话拿腔调的样子！这是有多花痴！还是说有些人的人格魅力就是时间也无法阻挡啊！时隔多年，我们这一颗八卦的心并没有因为各自在不同的地方而搁浅！比如，你看，他的Twitter又上新了！一如既往地文艺，带点淡淡的忧伤。大意是这样的：醒来时看到手机上有一条未读消息，是有人点了喜欢，定睛一看，原来是大学时爱得死去活来的女友，原来她也玩这个App，等我再去看时，这条喜欢已经不见了。顺手搜到了她，一张张照片浏览过去，内心的感受无法用言语表达，其中一张照片上的她，和他小时候的梦中情人一模一样。

IT行业有个奇怪的现象，很多人在每个网站都用一个ID或者从来不透露自己的任何信息。相比之下，我更喜欢到哪里都用一个ID的人，找起来超级方便，所以一入此行深似海，随便人肉一个人，分分钟出结果，我或从来不做坏事，(奸笑一下)。想来也是因为做这一行的人都清楚，互联网上无隐私！想必他们都是习惯用一个ID的人，从来不换ID，就能轻易搜到对方。哎，这么多年过去了，当初爱得死去活来的人儿啊，现在偷偷瞄对方的主页是几个意思啊！还有，爷们儿你可知道，在这片偌大的土地上，还有几个姑娘也在关注着你，每次谈到你的时候还眉飞色舞，对你的近况了如指掌，好像早就成了习惯。这才是真爱吧！

在我的整篇描述中，可能也只有写到文艺男青年时，才特别想写写关于爱情的桥段。虽然我写到这里依然略显得放荡不羁，但小伙伴们请感受一下，IT界文艺帅大叔是多么稀缺的物种！哎，想想也有点惨，内心无比阳光渴望被关注，却又总是闷骚不语，不让人去靠近自己的内心，自己特别看重的事儿，可能在别人看来什么也不是，就这样被自己绕死了。写着写着突然写起了自己的感受。还是希望文艺帅大叔有个美丽如法子的妻，总觉得这样的男人，理应拥有一份令人羡慕的幸福。作为一个创业者，老腊肉的内心想的可能不仅仅是创业，他努力为自己营造另一个精神世界。他说：The big brother is watching you。

互联网创业之“放卫星”

想得到的尚未得到，失去的已经永远失去。对于每个创业中的人，我都想赠予这句话。我突然想到柳宗元写的《捕蛇者说》，那是一个关于农民无法承担赋税只能靠捕蛇为生的故事，这个故事跟我要讲的创业有一个类似的地方，那就是难，生存难，创业更难。搜索“创业”，话题不计其数，但大多数失败的人都被遗忘了，我们通常也更愿意忽略他们。在全国创业的大环境下，媒体对创业者的宣传炒作也越来越凶。

上海地铁耐不住夏日的高温，又瘫痪了一次。据说，地铁工作日客流量950万人次以上，周末超过1000万人次已经成为常态。人来人往，灯火辉煌的城市，路过的人们只看到了上海的繁华，留下的人才知道它真实的模样。“我想我应该是一朵死去的花，不然怎么就盛开不了呢？”这是一首歌里面的一句歌词。有些留在这里的人，常常会问自己，何时我才能当上CEO，赢娶白富美，走上人生巅峰？大部分人把这句话当成一个空空的口号，或者更确切地说，终于认清了自我。只有少数人为这个目标奋斗着。我没有创过业，也不是励志帝，其实我没有资格谈论这个话题，但从工作起，我直接或间接地接触了形形色色的创业者，心中有些话放在心里太久。财富神话经常在互联网圈子上演，有时候创业被解读成成为高富帅的唯一出路，每个人都希望有一天能敲响纳斯达克的钟声。但如你所见，只有少数人获得了成功，大多数人仍吭哧吭哧地在小角落里布局着心中的大世界，但是宇宙的中心不是我们。

上海是一个“没有规矩，不成方圆”的城市，人们更看重的是规则，而规则背后却隐藏着各种潜规则。这些相对包容的大城市尚且如此，更别提有些小地方了。在这种大环境下，想要成功并不是那么容易的，因为能想到的都有人在做！有些人真的很傻很天真，拿了一个专利就以为世界的中心就是他，他永远不会明白为何人们对他的创意视而不见。他根本没有一颗了解用户的心。

上帝欲使其灭亡，必先令其疯狂。这句话用在如今的创业者上再合适不过了。最近有个热门讨论：创业者是否越来越无耻了？看到这个热门讨论时，我的内心是崩溃的。创业的解释有很多种，我随便摘录一句：创业是创业者对自己拥有的资源或通过努力能够拥有的资源进行优化整合，从而创造出更大经济价值或社会价值的过程。本来这是一个自带光环的词，无论什么样的屌丝，一旦说到创业了，在人前仿佛就换了一个人似的，从头衔到说话方式，都变得不一样。但近几年，这个词却变得不那么纯粹，甚至也马上就要沦陷了。

在人人都是创业家的时代，却出不了真正的创业家。这是一个时代的悲哀，有些所谓的创业者，真的已经浮夸到以为做几十页 PPT，空有好口才就能征服全世界的地步了。创业何时已经乌烟瘴气如娱乐圈一般，抄袭、造假和极端浮夸？天使轮估值超过几个亿，创始人不仅帅到掉渣，更是哈佛学生；一个手机软件一个月激增几百万个用户，安装，激活，蹿升榜单第一名；某网上的交易记录，3 小时前，王老板成功以 1 元 / 斤采购了 100 万吨的土豆；随随便便一个 90 后创业都有千万身家……看起来太传奇的故事，总是不太靠谱。历史总有其相似之处，这些数字在我看来像极了

浮华之下

N 年前的“放卫星”。在“大跃进”中各地浮夸风盛行，夸大宣传粮食产量，上报虚假“小麦卫星”“水稻卫星”……人们为了自身的利益，不惜说谎、造假，而且说得心安理得，越说越像那么一回事儿，这不就是放卫星吗？

而这些数字无时无刻不在刺激电脑屏幕前的屌丝的神经！N 年前，放卫星的那些数字，让人们觉得国家建设事业蒸蒸日上，睁眼说瞎话，酿成了灾祸。而现在每个人都觉得下一个千万富翁就是我！这种泡沫难道就不危险吗？有人拿着一个挤牙膏的专利就来了，说要融资 200 万，什么都准备好了，就差钱了。这是创业吗？这可是赤裸裸的傻子啊！什么时候开始，连犯傻和创业都混淆了。

创业是一个艰难困苦的过程，逼着创业者去尝试从未经历过的所有事。我没有创过业，但也知道创业面临着一箩筐的事情，找团队，做产品，研究市场变化，成立公司，各种跟有关部门打交道，如何融资和盈利，如何快速成长，如何取得行业领先地位……而喜欢放卫星的创业者有一些共同特点，会给投资人和用户画大饼，他告诉人们他的产品市场有多么庞大，行业第一的利润多么可观，投资回报率将会达到几百倍几千倍……但他不会告诉人们他的产品何时才会进入市场，更不会提何时才能做到第一。

坚持了但失败了不是你的错，但坚持放卫星就是你的错了。所以我说人不能老拿情怀说事，说情怀的同时，能干出点实事来，也不会那么遭人讨厌。最见不得的就是老自以为是宇宙的中心，实际一问三不知的人了。人生不设限，但每个放卫星的人要知道人们也是有底线的。

失业一个月

因为一些变数，我离开了之前的项目。我记得那天经理喊我去会议室，我们聊了一会儿，这对我来说倒也不是晴天霹雳，算是有心理准备了，但还是有些措手不及，忍不住掉了几滴泪。告别说起来总略显伤感，但这都是人生必经的坎儿。尽管我们踌躇满志，然而并非所有事都能顺遂，必须做好随时谢幕散场的心理准备。如果舍不得离开，证明我倾注了感情，就算走我也问心无愧，至少我没有对不起自己，对不起别人。

第一份的工作起点算是比较高的，导致我后来在适应新工作时出了一些状况，我怀念以前那自由成长的空间，大家都在努力做自己喜欢的事。换了环境之后才发现被惯坏了，这里有相对清晰的上下级、跨部门之间的界限，处理工作比想象中纠结，一点小事处理起来流程都很长，工作上花的时间都没有扯皮的时间多，工作安逸却缺乏成就感，我像一颗螺丝钉在这个岗位上转了几天，就感觉自己完全生锈了。我很沮丧，也很无奈，我想到最直接的方法就是辞职重新找一份工作。

我的理想主义其实一直都没有死掉，必须要复燃。如果在面临人生选择时做不到坚决果断，这样的我才是真正的弱者。有时我也想向这个世界妥协，可是我连妥协的资格都没有。我问自己，怎么才能既做自己热爱的事，又不至于活得太艰难。这样一个简单的想法，却难倒了一大波跟我一样的年轻人。在这里，我该怎么继续生活，怎么做出选择。失业后，我开始胡思乱想，以前不会想的事儿此刻都蜂拥而至。爱情、梦想，一切都那么难，我却不想就此妥协。并不是所有事都如我想象的那样，不是我付出就有同等的回报，但我不想唱这句歌词，真的以为人生就这样了，平静的心不再有浪潮。当我越了解自己，就越能看清自己的软弱，但同时我也知道克服软弱的难度有多大，毕竟本性难移，我也很想任性。但在这个瞬息万变的社会里，我只能选择做出改变，马不停蹄地向前奔跑。偶尔夜深人静的时候，实在觉得有压力，就躲在被窝痛哭一场，泪水可以清洗内心的委屈，醒来后一切就恢复了原样。

一个人生活久了，就要成为自己的光，努力照亮通往未来的方向。虽然我的想法还很不成熟，但我不怕。Fearless，看到一个人的新签名，只有这一个单词，不畏。但我如何才可以做到不畏呢？失业的一个月里，我想了很多，做了很多。那时我已经崩溃到一个人在房间里就会感到烦躁，感叹自己时运不济又能力有限，无法再在这个城市里混下去了。妈妈说找不到工作就打包回家吧，这也是一个选择。我瞬间就有种欲哭无泪的感觉，我不想在这个情况下回家，这会让我好不容易坚定的心动摇，会让我对未来的人生更加迷茫。在这段最难熬的日子里，还得每周起早贪黑去学车，每次都被教练骂得狗血喷头。我的一颗玻璃心，真的在这段时间坚强了不少。

我一个人去了一家又一家公司面试，每天面对这些陌生人重复我的个人介绍。失落与兴奋，这两种情绪频繁交替。每当我在工作日的白天坐地铁，我会好奇地看坐地铁的人们，这些在上班时间不用待在办公室的人，都是怎样一群人，只当给自己找点乐子。从南京路走到外滩，一路上都是人头攒动，人手一台相机、一部手机，嘈杂声不绝于耳。黑夜如昼，整条街依然热闹拥挤。灯火通明，这个词在此刻得到了最充分的解释。黄浦江的风带着丝丝寒意拂过每个旅人的心头，我也只是这个城市的一个游客。观光客们带着好奇与惊叹，在人群中挪动。商业、精明、奢华、小资的上海，永远不会让有钱人失望而归。万国建筑群，他们从来不觉孤单。孤单的只有某些人那无处安放的青春与热血，以及没有户口没有房车没有高薪的烦恼与惆怅。

我一个人背着相机去拍冬天的人民广场、外滩，还有陆家嘴。拍人民公园附近的一片银杏，金黄灿烂，深秋的银杏叶此刻在视觉上呈现出一种柔和的黄色。我看到不远处有一对老人，老爷爷穿着绿衣服，老奶奶穿着红衣服，他们时不时地就在金黄的银杏树下停一停，老爷爷会给老奶奶拍照，我在远处按了一张他们的背影。这个小插曲，在如此寒冷的冬日里给我带来一点小温暖。我还看到一个跟我年纪相仿的姑娘，也在拍这片银杏，我很想问她从哪里来，要到哪里去，为何一个人在这里拍照片，终究未问出口。我一伸出手，就能感到这个城市的冰冷，但我的心却是平静的。我像个局外人观察着这个城市，看着无数旅游的人群从我眼前穿过，我在照片里也能看到一点孤独的意味。

在失业的期间，一个留在上海的闺密来陪我吃饭解闷。在冬日的夜晚，我们吃晚饭后，大晚上的在外滩附近一栋大楼面前摆pose，我们买了路边的鸡蛋卷饼，一路狂吃，她还给这个做饼的大叔拍了一张照片，可惜模糊了。这个冬天真冷，她围着红色围巾，穿着蓝色毛呢外套，我围着姑娘送我的厚实红黑黄格子围巾，穿着黄色羽绒衣，空气是冷的，灯光却是暖黄的色调。我们轮流着给对方拍照，咔嚓一声响，把彼此定格在时间轴上的某个点。我想起我第一次来上海找从小一起长大的妹子玩，当时她说以后你毕业了来上海工作吧，我们可以一起。等我真的来了，她却离开了这个城市。最近她成了别人的妻，我能看到她灿烂的笑，我也能

银杏的孤独

看到她以往的种种酸楚。什么是朋友？朋友就是能比陌生人更轻易看穿你的软弱，更懂你的不易，更想在你孤独无助时给你一个大大的拥抱的人。

我第一次觉得如此无助，我并没有放大我的悲伤，整个过程我都是相对平静的，只是记忆太过清晰，日子突然过得太清闲，让我无端思考了很多东西。迷茫并不可耻，也不可怕，如果能认清未来的路，这就是困境之后自己最大的收获。无论是工作还是爱情，在我眼里必须要有真正的爱，才能有能量与勇气让一切变得更好。否则自己都是一潭死水，哪里来的未来？在过去的几年时间里，我也不是没有动过心，我不是没有勇气与爱去跟这个世界对话，而是想搞清楚自己的心到底将留在何方。在网络的世界里混久了，常常会有一种错觉，感觉每个人都有 N 种人格，都在伪装与掩饰着什么，很无奈。现在的我已认清，没有谎言的世界也会很可怕。但当我面对一个人的时候，我会有选择地保持一个适当的距离，我也依然愿意尽我最大的努力去善待他，再成为擦肩而过的陌生人。不再害怕告别，不代表我不会难过，只是我需要一种调节的方式，去面对生活给予我的一切。

总有很多人说不想过得那么复杂，简单的生活恰恰需要实力，我若是不变强，哪里来的简单？我有时喜欢生活的琐碎，我喜欢一边唱歌一边洗澡，一边刷牙一边蹦跳，一边煮面一边洗碗；每天晚上往锅里塞点米，定个时，第二天就有粥喝了；每天都走路去菜场，只是为了让自己多走一段路，锻炼一下缺乏运动的身体；每天做一碗面条，爱放什么菜就放什么菜。这些事时常让我对生活感到厌烦，但也有很多细小的快乐，慢慢成了习惯。我还需要变强，为了我的简单生活。

我没有活得超然物外，不得不说我佩服一些人的执行力，我看他们越变越强，越来越能混圈子，有些人面对老友时依然保留着一颗相对简单的心，有些人则完全换了一副模样，卖力地在老友面前显示如今自己的成熟与世故。面对后者，我只想呵呵一声。你看，我们的世界就是这么改变的，谁都没有错。大家都能在别人的言词里分辨出他对自己是什么态度，我也能。只是人最可笑的一点，不仅爱欺人，更爱自欺。这行的人际关系相对简单，也因为自己没到某个高度，才会这么觉得。眼见着一个人从无名小卒混得风生水起，连讲话的方式与口气都变得不再一样，他说我一直像个没长大的小孩，但我比他清楚我想要怎样的生活。我从他那里看到的不是成熟大气，而是庸俗乏味，曾以为这位朋友有多特别，不过是地位不够高，诱惑不够大。说起来难免觉得自己脱离世事，这是一种多么痛的逃避。

生在这个价值观错综复杂的年代，我始终觉得很多人跟我一样，缺少心的归属。不少人有意识地早早出了国，移了民；剩下的资源则被少数人掌控着，还有一些人则整日惶恐不安，担惊受怕的。徘徊在这个城市的每一个路口，每一天夜里下班后穿梭在人潮拥挤的地铁里，没有房子没有户口也没有家人，在这座城市我拥有什么？我为了什么而留下来？对普通的上班族来说，这里没有归属感。我留在这里的理由很简单也很无奈，还是逃避，逃避5年10年后成为那个平庸市侩、心无所向、得过且过混日子的自己。当一个人失去了创造力与进取心，今后的人生能一眼望到头，这也未免太可怕了点！

失业的一个月，权当给自己紧绷的精神放了一个假。别担心，一切都会好。

面试记

在我短短的几年职业生涯里，作为一个求职者面对过若干面试。离开，也许是人寻求改变的一种途径。谈一谈这段经历，以便大家更好地了解何谓心酸。最初，职业目标不清晰的情况下，我面过产品，运营，还有文案。我对如何写简历做了一番研究，我的简历表面上看还凑合，毕竟第一份工作在一家大公司，而且业界对这个公司的口碑还挺高，也知道这里曾经集中了无数牛人。但别人牛是他们的事，又不会传染，我的软硬实力相形见绌，但简历为我赢得了面试机会。第一次换工作的时候大概面了10家。机会摆在面前，却都让它们白白溜走了。当时我的心态不大好，也没有很明确的目标，遇到强势的面试官就感觉hold不住，遇到弱势的我自己都觉得没必要考虑，纠结了好长一段时间。

某家做租售房的互联网公司，当时在陆家嘴，我跑到未来资产大厦里面试，顿感高端大气上档次，所有人都穿得很正式。一个女人出来问了我一些问题，当时感觉没有什么难度，一一回答了，最后问到薪资，她说满足不了我的要求。我当时比较傻，没有什么经验，要的薪资也不高，当时内心就鄙视了下这家公司，金玉其外败絮其中的感觉油然而生，以至于现在对他们家的印象依然挺差。可以租这么高级的楼，对员工却这么抠门，这不科学啊！后面理所当然就没有后文了。

此处不留爷

再是某金融公司预备大力进军互联网产业，做了很多条产品线，网页与移动端都做了不少产品，我居然去这家面了两次，一次是他们的 HR 打我电话，一次是猎头打的电话，居然又都是不同的岗位，知道真相的我眼泪掉下来……真是无比坑爹。又是陆家嘴，又是西装革履，面试产品的那个爷们儿，估计就问了我 5 个问题，就开始跟我闲聊了。这种节奏明显不是面试的节奏，而是打酱油的节奏，几轮问答以后，我便希望这个面试早点结束，走出那栋大楼的时候，我一个人坐在陆家嘴旁边一个小小的公交站牌前等天黑。两边时不时路过一些老外，他们也随着人流在乱穿马路。一个老奶奶坐在我旁边，顾盼左右。我看了看周围的人，这个点不在上班的，一般都是游客，还有老人。天渐渐黑了，车渐渐拥挤了起来，又一天要结束了。我赶着晚高峰之前爬上了地铁。

我还去过两家媒体类的公司，两家都是做文案，气质却完全不一样，一家是传统广告影视行业的公司，一家是互联网新媒体。传统广告影视行业的这家公司，简直无力吐槽，直接扔给我一张纸，让我在上面做三道题，基本上是一个标题，一段概括，还有一个简单的活动策划。真是写着写着就绝望啊！多久没动笔了，我连某些字都记不清了。他们家还有那种超级奇葩的台式古董电脑。哎！真是扛不住了。另外一家倒是挺正常的，过来就问最近热门话题是什么，选择什么话题比较有吸引力，能让更多的人参与。这边的主管是一个胡子有点多，头发有点长，但整体看着挺靠谱的一个大叔，只可惜整场下来都没有什么表情，就问我一些一时半会想不好的问题。但其实很明显能感受出这两家公司的差异。关于传统企业为何在互联网时代面临着巨大挑战，看不到机会，找不准方向，思维迟钝，以为掌握了不少资源就不再进取，坐以待毙，创业难，守业更难，尤其在互联网疯狂扩张的大环境下。没有缘分，罢了。

之后还有一家广告公司，他们总监在豆瓣招聘组发的帖子。我细细看了那家公司，HR 给我电话时说，本公司暂时没有你想做的岗位，但我们总监看了你的简历，想跟你聊聊看，以后我们可能想找类似你这样的人，现在可以培养一下。当时我还加了那个总监的 QQ，但我什么也没跟他说。去之前我细细翻了那家公司的网站，以及他们几个总监的微博，算是做做功课。坑爹的是，第二天我早上 10 点过去，居然在电梯就碰上了他们公司的一个总监。因为微博用的是本人的头像，那会儿我甚至能喊出他的 ID，好吧，我没有去搭讪，看他进去里边，我默默在门口拨了个电话。进去之后，里面的座位真是略挤呢，那姑娘先让我做了半小时的逻辑思维图形题，考智商的！还好结果不是太糟，后面跟我聊了半小时，最最坑爹的是根本没有见总监这个环节，总监出差了！我顿时心里泪奔了。回来的时候本来想在 QQ 上跟这个总监聊下，为啥这么坑人！可理智告诉我，有人欣赏是一件值得感激的事儿，所以我跟他道了谢，他本人表示好久没有遇到我这么有礼貌的人了。虽然有点不顺，但也是缘分不够，不必太纠结了。

后面还面试过两家视频公司，而且是同一天，下雨，又冷！这两家的业务居然是一样的！一家是某知名视频公司，两个活泼开朗的妹子，完全没有架子。也许我也太放松了，表现得太活泼，导致她们觉得我会坐不住。另外一家面试我的是一个女人，他们是外派到某国企的，门卫森严，早来了都不让进去，里面人多口杂，每个角落都坐满了人。她还跟我说她老公也在某互联网公司，问了一堆问题，问我住处到这边要多久，我说挺远的，1 个多小时。她说，1 个多小时不是很正常么。我有一瞬间不知道怎么接茬。现在回想起来，肚里没墨，到哪里都不行。面试结束在寒冷的风雨里找了很久的公交站牌，又等了二十来分钟的车，满心的委屈，想想都觉得挺心酸的。

后面又面了一家，两轮面试，遇到的人都超好。没问太多问题就让我过来上班了。刚来上班已是年底，事情比较少，我在这段时间集中看了很多专业书，我很感激这段经历，让我真正对比较陌生的工作有了一个相对具体的认知。此时我也发觉在过去的几年时间里，是我自己过得太安逸，缺乏危机意识，不懂利用周围的环境来提升自己，幸好意识到这个问题还不算太晚。即便我每天都过得挺累，我也要抽出一部分时间，这时间是完全属于自己的。码字、修图、看剧、学英语，随便做什么都行，我需要保持一种向上的状态。一方面我往脑子里装了大量信息，一方面我得尽快学着整合资源，我能做到强有力的执行，却做不到坚持不懈，这是我所欠缺的，也是我必须要克服的……我尝试让自己去克服内心的恐惧，去挑战自己不喜欢的工作，如果我能把不喜欢的事情都做好了，那我一定会变得更强大。

整一年我都在寻找一个方向，未来的路。回顾这几年，有很多遗憾，但很感激。在没太大压力的情况下学习工作，接触各种新鲜事物，各种尝试与摸索。庆幸遇到秉性脾气超好的同事，亦不嫌弃我懂得少。离别时我跟姑娘都抹了几滴泪，总觉得这样才算爱过。

很多事并不在我掌控范围里，唯有感谢。经过一年的折腾，我为自己找了一个努力的方向，接下来我会为这个方向付出自己的努力，在互联网行业里浑浑噩噩地混了这么久，我该努力的地方还有很多。我依然不想放弃继续写东西的想法，依然喜欢有意无意地观察，虽然我没有接着再编造故事，只是随意地记录很多生活琐碎，但我一定会重新开始。有人说，你的那些所谓的梦想要实施起来呀！确实有时太懒散，如果想法只留在脑子里，那么它就永远都是想法。

这几年也算是彻底经历了各种大大小小的离别。那些本以为能在待一起很久很久的人，可能第二天就跟自己说再见。每个人都在拼了命实现目标，以此来成全自己，人需习惯，离别是常态，兜兜转转说不定哪一天还能在这个圈子里遇到。我常在等公车时遇到一个人，他长得真好看。一天又一天过去了，看他身上穿的衣服从短袖变成了外套，他有紫色与棕色的 T 恤，黑色的裤子，白色的鞋子，浅色条纹衬衫，白色到橘红色渐变格子衬衫……每天都提个电脑包，在高架下来后的那一站下车。一张看上去有些病态的白皙的脸，脸上有零星的浅浅的痘痘，这么一张年轻的脸，盯着他的脑袋看，上面竟也长出了好些明显的白发，我不得不又感慨起互联网行业催人老的事实！就这么一个陌生的人，好像也要消失了。

在开始明了何谓孤独是常态的同时，也明白了朋友的陪伴有多珍贵。岁岁年年花相似，人却总在变。更多的人离开，那几个始终围绕在自己身旁，随时可以召唤的，就像珍稀动物濒临灭绝。偶尔的问候，尽管隔了四四方方的屏幕，也令人愉悦。忘了有多久没能坐下来，跟人聊聊最近过得怎么样。

传说中的世界末日并没有来，心情却有点糟糕。丢了工作，内心无比焦灼，面试 N 家公司后我终于变得坦然。常有人问为什么一个人在上海，这是我独自一人彷徨时也会问自己的问题。越长大越明白一些事，思想与现实碰撞，不明白为什么这个社会存在那么多不合理，却没人有勇气去改变，包括自己在内。我曾天真以为到我们这代人长大世界会变得不一样。几年过去了，我变了，也没有变，还是这副德行，这未免有些可怕了。仍喜欢自在随意，胡乱安排自己的生活，想到哪出唱哪出。总有些不切实际的想法，小理想主义，还是爱耍点小聪明，依然有点固执，也坚持自己，性格不算外向，对话不投机者连敷衍的力气都懒得浪费。嗯，我最大的优点就是诚实。

我开始慢慢适应新工作，但现在的感受与之前完全两样，想明白了很久以前就被别人不断说起的一个道理：人越长大，试错的机会就越少。上学时，老师常常强调这一点，在学校就算犯了大错，你的头上也还有人帮你顶着，但离开学校以后就不是这么回事儿了。曾经对这不以为然，理所当然地认为自己能对所做的事负责。现在呢，再也没有这种拍着胸脯大声说好汉做事好汉当的豪情了。我们犯错的代价似乎越来越大，不像小时候，摔了一个碗也算天大的错误，会被妈妈骂得半死。看到周围的人都在小心翼翼地保护自己，努力杜绝一切错误，不管在工作上还是感情上，都力求安安稳稳。也没人愿意为你的错误买单，谁也没这个义务。年轻不懂事，这借口也慢慢没有味道了，内心竟觉小失落。

每天下班都要独自走一段路，独自等公交。公司附近是医院，穿过这个医院，就到了公交站。偶尔下班会看到穿着病服走来走去散步的病人，大多老迈，沉默，独行。他们慢慢地踱着步，偶尔看看路过的人们，显得有些格格不入。老人静静地从身边路过，我突然仿佛看到以后的自己。医院门口周围的一片都是热闹的路边摊，能听到不同口音的普通话，还有食物们的一路飘香，也许香的是地沟油。我能感受到的，有的是三五成群一起下班谈笑着的年轻人，有的是跟我一样步履匆匆的路人，有的是沿着昏黄路灯光飞驰而过的各种车，还有各种“三块钱一位，打车打车”的叫喊声。

这段时间我都没怎么主动跟人说话。我不明白这种情绪从哪里来，要到哪里去，闭上眼睛没有困意，脑子也空空荡荡。从一直面试到重新上班，再到过年，然后又上班，我像个生活的局外人。那几天同学来玩，一起在外滩附近住了几晚，那里能清楚听到外滩的钟声。我们走啊走啊走，晚上 11 点钟，外滩的灯都灭了，路上人很少，刚好天气回暖，微风轻轻地吹，我们感叹着再也遇不到某些人。都好几年了，我始终还没搞清楚上海的路，每次去哪里都还要查好路线，跟以前来一样白痴……有人曾说过，一个熟悉的城市，才能给你带来归属感与安全感。我思忖着这话。

我用了大半年时间才明白一个道理，如果没有找到你的热爱，请继续寻找，不要放弃。我开始反思自己的生存状态了，我跟大多数年轻人一样，抱怨这，不满那，却迟迟不肯迈出改变的脚步。要么滚蛋，要么停止抱怨，这才是应有的节奏啊！我必须再次思考我的人生定位了。一个人面临选择时，表现得特别软弱，才是真正的弱者。我不想如此生活，我没有什么输不起，停下脚步，听听内心那个小人的呼喊吧。

现在的年轻人，跟我处境类似的人不会少。一方面是大城市巨大的生活压力，一方面还有父母长辈给的结婚方面的压力，我常常无所适从。我也不是没有想过离开，我也不是没有喜欢过一个人。但从现实的角度考虑，我却不得不选择留在这个城市，不得不选择过一个人的生活。人生在世，活得太明白了并不是好事，也许这个过程中，最重要的就是认清自己，我只能借文字的力量，来纾解内心的惶恐不安，来描绘自己的海市蜃楼。在文字的世界里死磕的我，不知道哪一天才能看到自己的曙光。前几天我刚拍的一张照片，照片是一条长长的隧道，写了一句话：黑暗里要有光，光里可能有另一片风景。我不想让别人成为我的光，把希望寄托在别人身上的人，怎么能轻易得到幸福？

那年深秋，我失业了，跑到闹市拍银杏和外滩。以上文字也是那年之后写的，很多细节，现在的我都忘记了。不过我还隐约记得，一个人在外滩的寂寞感。如今我又换了一个工作，又有好多故事了呢！

第三章
万水千山总是情

20 岁的爱情

时光穿梭到那一年，她 20 岁，他 24 岁。那时论坛正盛行，网友诈骗还是当时媒体频繁报道的热门社会新闻，见网友还是一个稍显前卫或者说轻浮的举动。网恋更是一个新生事物，有人视之为洪水猛兽，年轻男女有此动向，十有八九都会被别人说三道四，除非能熬到结婚并且幸福美满才可以稍微堵住别人的嘴。她与他的相识就在那时候。

20 岁的她还是学生，无社会经验，却渴望爱与被爱。他毕业一年，无业在家，背负了来自家庭的压力。一个偶然的机会，某论坛版主为了提高活跃度，四处邀人到论坛写帖子，担任实习版主。在一个读书群里，版主邀请了她。她开始花一部分时间把写在博客里的文章复制到帖子里。而他本来就泡在论坛里，经常潜水，当时红极一时的论坛的公司所在地就是他的城市。

年轻人总是更容易相互吸引，尤其是基于共同兴趣。20 岁，正是容易动情的年纪，她的文字表达情感细腻丰沛，虽然现在看来她脑子里都是水，但光看文字能感觉出她是个温柔的姑娘。他是一个能说会道的男生，喜欢历史和足球，她常常被他逗乐。但文字只是人的一部分，通常人们只是表达了能够对别人坦白的那部分，把有些话藏在了自己心里。玩过论坛或社群的人都知道，活跃的永远就那么几个人，大多数人是潜水党。经常写东西的几个人混得比较熟，他们经常看到彼此写的东西，留言回复也是常事。他还会特地编一些顺口溜作为回复。那时候版主鼓励所有人发照片，上真相，这一定是能增强活跃度的大招。更多人只是跟着瞎起哄，却从来都不发图。有一次，她看到了他在版里发的照片。图里面是一个穿着 T 恤的少年，他安静地趴在桌上睡着了，露出肉嘟嘟的半边娃娃脸，乱糟糟的头发，清秀俊俏，少年之气扑面而来，青春逼人。“小鲜肉”一词还未被发明，她也还不懂“垂涎”一词的意思，只是对他产生了兴趣，就去他的个人主页看了他写的所有文章。后来，她根据所获取的信息为他写了一篇文章，聪明如他，不出意料地看到了这篇文章，给她留了言，他说很感动。

她并不懂什么才算是爱，只是想表达时她就写出来，这是她最擅长的一种方式，简单明快，略显苍白又带点傻气，但终究是用心的。她的坦率热情赢得了他的好感，他的幽默有趣也打动了她。被新鲜感包围着的两个人，终究是有人要迈出第一步。“嘿，我喜欢你。”他说。他不是第一个向她表白的男生，她听说，放弃前一段感情最好的方式是进入下一段。她会跟朋友一起痛骂那些她喜欢却不喜欢她的人，骂他们一定是瞎了狗眼，然而她只是刀子嘴豆腐心，最后还是要祝福她喜欢过的人。幸好，他没瞎。

那时没有大屏手机，3G 是什么东西也无人知晓，只能偶尔用火柴屏手机登录一下即时通讯软件，所有的联系基本只依靠短信和电话，想来现在必须感念乔布斯大神的恩惠，造福了多少异地情侣。她向所有人隐瞒了这段感情，内心保守的她害怕别人觉得不靠谱，也担心朋友会劝她阻止她，她好不容易才下定决心，不想因为别人而动摇。虽然网恋对很多人来说还是一个危险事物，却让这个世间的故事多了更多可能性。她默认接受了他的表白，除了日常的嘘寒问暖，他们难免会聊到荷尔蒙，关于性，还有前女友。

“我不想谈前女友，过去的事再去说有什么意义。”他躲开了。

“那就不谈。”她表示理解。

“我们念大学时踢球，结束后都会大汗淋漓，我看别人的女朋友给他们拿水擦汗，我就特别羡慕他们，我也多么希望有个女朋友。”他说。

“以后我给你拿。”她笑笑说。

寒冷的冬季尚未过去，这个冬天似乎特别了起来。她决定去他的城市，这次旅行对她来说很特别。一个人坐火车，一个人到陌生的城市见陌生的人。这个城市的火车站又大又干净，内心的焦灼延续了一路，直到她看见他那一刻。新年刚过，寒气依旧，第一次见面反倒没有聊天时的热络，他并没有去牵她的手，但帮她拿了包。她带着旅行的心情来，他也履行了作为地陪的义务，带她到处瞎逛，吃一些当地的小吃，给她介绍这个城市的特色。他没有工作，没有经济来源，她也不挑剔，一切都由他说了算。“没有回我家的车了，晚上就让我跟你待在一起吧，总不能让我露宿街头，放心我不会对你怎么样。”他说。她犹豫了一下，无奈地答应下来。那个冬天，他吻了她，这是她的初吻。问起她时，她说已经不记得当时什么感觉了，只记得太突然有点吓傻了。她天真地以为什么都不会发生。

“让我抱抱你。其实你可以换一副眼镜。”他建议，他抱着她，顺势帮她拿下眼镜。她心想这是嫌弃我丑的意思吧，但也没多说什么。她洗完澡出来，把冬天的衣服都穿回去了，包了个严实。她没有心理准备发生点什么，内心产生了巨大的失落感。她拒绝有进一步的身体接触，突然哭了起来。他害怕女人哭，有点不知所措，干脆打开电视看起了球赛，困了就睡着了。她一直都没有睡着，看他睡着了，就坐起来靠在床头，看着熟睡的他，忍不住又哭了起来，也许是哭累了，她也睡了过去。

醒来后，他们努力克服尴尬，当作什么事情也没发生，他又带着她逛了一个地方。他说我最喜欢这个城市的博物馆，每次来都会有新的发现。他在每一个青铜器面前都可以驻足良久，她却什么也看不出来。他们一左一右在大马路上走着，没有任何肢体接触，这个城市下起了小雨，更冷了。

“你能唱个歌给我听吗？”她看他只顾走路，没什么表情，为了打破僵局，她问道。

“为什么要唱歌呢？不想唱。”他看似心情不快，想也没想就拒绝了。

因为还没来之前就说好唱歌给我听的，她在心里说，看他那副样子，她没有把话说出口，心里也很不快。还没走几步，他突然哼起了什么歌。她突然心软了。除了博物馆，她已经记不清他们还去了哪些地方，只记得最后他送她去火车站，时间有点紧张怕赶不上车，她赌气说最多就站回去，他说你神经病啊，站五六个小时会死人的。他跟她说的最后一句话应该是路上小心之类的，然后挥手再见。再后来，跟很多故事一样，也许他们都不觉得这是段愉快的经历，不知道哪里来的默契，彼此都不联系了，所谓的喜欢也淡去了。这短暂的相遇就这样渐渐被遗忘。她和他也不去论坛里写东西了，时隔几个月，她已经去了一个新的城市。因为那时候她还挂着实习版主的头衔，老被版主唠叨多写点东西，她才重新在论坛里写东西。在她的游记里，一字一句都没有提到他，她故意避而不谈。

但自此以后，她辞去了实习版主的职位，也不大去论坛了，她是一个聪明的姑娘，会把不愿想起的记忆格式化。时隔大半年，她突然想起了这个论坛，就又登录了一次，特地去翻了他的页面，她看到他在论坛写了一篇简短的帖子：那时候天是蓝的，草是绿的，她是灰的……好久没来，上网时还是会过来看看，音乐声换成了轻快优雅的旋律，看了很多文章，见到很多陌生的朋友，犹豫了很久还是决定留下点什么以表示我来过。看过某人的文章，感慨颇多，某人的暑假过得很充实，很向往那种坐在桌子前，一心思只理会自己手中文字的感觉，新的学期要到了，不要把自己过于封闭在文字之中。老大也不小了，该干啥就干啥去啦。同样，也见到很多熟悉的人的文字，如果……人生没有那么多如果，希望一切都好。

她看到这个帖子时，已经是很后来的事情，“灰的”是他们之间才懂的一个梗，一字一句读完后，她的眼泪落在了键盘上。在没有任何联系的一年时间里，他给她留过两次言，一次是你终于可以做自己喜欢的事情了，真为你高兴；另外一次是 Eason 要去他的城市开演唱会了，他一直觉得她爱 Eason，其实她没有那么爱。他究竟有没有喜欢过自己，她不确定，但她也不想知道答案了。

一年后的夏天，她在吃饭，突然手机响了，是一个陌生的号码。

“我要结婚了。”

“祝福你。”

后来她听到一首歌：是 20 岁的男人就不再哭泣，因为我们再找不到原因；是20岁的男人就要会离开，能够离开所有柔情的牵绊；是20岁的男人就不该哭泣，因为我们的梦想在他方。到40岁的时候我们再相逢，笑说多年来无泪的伤痛，没有哭只有笑，笑你当年的荒谬。

“你也去听一听这老派的歌吧，第一次听我就想起了他。你说我多傻，当时住的房间钱是我付的，真混蛋。那时我太年轻了，只能说相遇太早，如果是现在，也许我会跟他谈一场恋爱，但那时只会say no。你说他现在是否也会想起我？”她问我。

“都多少年过去了？他可能已经是好几个孩子的爹了，正忙着赚奶粉钱，哪里还能想到你！”我白了她一眼。

一封“分手信”

我记得你用文艺一词夸奖过我，为了对得起这个形容词，我决定用一种相对文艺的方式来思忖这段感情——写一封“分手信”。

分手信，其实是我大学看的一部电影的名字，大抵讲述的是战争时期一个浪漫的爱情故事。里面有一段经典台词：虽然你可能不想听，但是我要你知道，你永远是我的一部分。你在我心里占有一个特殊的位置，那个地方会永远为你保留，没有人可以取代。约翰，你是个英雄，也是个绅士，你仁慈又正直，不止如此，你是我第一个全心全意爱过的人。不管未来怎样都是如此，就是因为爱过你，我的生命才能比以前更美好。最打动我的是最后一句。我写这封信，并不代表我会跟你分道扬镳，只是希望彼此可以更坦诚相待。等到合适的时机我才会给你看这封信，但我怕我等不到那一天，一想到这，我就感到难过。过完新年，我就又大一岁了，对我来说最残忍的事，莫过于要对自己诚实。我不能继续假装无知无畏，知道自己要什么是一种独立。

我 21 岁时，你尚未在我的人生中出现，是的，也许你还躺在别人的怀里。那时，我看王小波的书，他写道：“那一天我二十一岁，在我一生的黄金时代，我有好多奢望。我想爱，想吃，还想在一瞬间变成天上半明半暗的云。后来我才知道，生活就是个缓慢受锤的过程，人一天天老下去，奢望也一天天消失，最后变得像挨了锤的牛一样。可是我过二十一岁生日时没有预见到这一点。我觉得自己会永远生猛下去，什么也锤不了我。”

当时我不大明白王小波为什么要这么写，想爱就爱呗，想吃就吃呗，谁还能拦着不成。直到后来，我更深入地了解了时代背景，也等到如今自己经历了一些事，才渐渐明白不是什么想法都可以变成行动的，两者可能会相差十万八千里。这 5 年时光带走的，不仅是我的青春，还有激情，我甚至变得不容易满足，此时我才似乎渐渐明白了王小波写的那个“锤”字的含义。我看到的每一个爱情故事都不是童话，每一个故事都有它的残忍之处，只有相爱相杀的情节才能令人印象深刻，谁都不记得柴米油盐的琐碎。虽然现实里的爱情并没有那么惊心动魄，却也充满了悲伤。

我初到上海时 21 岁，那时在经济上我比现在窘迫，可是却从不怀疑人生，我跟朋友奔波在这个城市的大街小巷，寻找我们的快乐。兜里没钱我们也会去看展览，看电影；逛街从不血拼只吃东西，因为在商场里逛一圈发现东西太贵，退而求其次吃顿好的；跟陌生人一起深夜徒步，攒钱一咬牙买了相机想去扫街……然而这看似充实的人生，在我活到 25 岁时突然变得苍白起来，我开始渴望爱与被爱。这 5 年我也不是没有努力过，但到头来发现是非成败转头空，对错输赢眨眼无，我花费心力为了赢得胜利却换来空欢喜，也对，感情哪有什么胜利可言呢。我需要再次勇敢迈出一步。至于你呢，当年在你怀里的人啊，如今可能成了别人的妻。而我此时有幸遇到你，你迟到太久了。

各自直奔着恋爱主题而来，省去了一堆不确定的揣测，反而变得简单。第一印象对我来说很重要，也许很多年过去后，我依然可以想起第一次见到你的场景，跟你看过的电影，吃过的饭，走过

爱是仪式

的街，当然这是后话了。跟你相处时，气氛轻松不造作，掺杂在谈话中的小暧昧小撒娇也颇为有趣，碰面时除了迟到你也算照顾周到。认识你的时间不长，却匆匆忙忙地腻在一起，但恋爱不是请客吃饭，日渐发现相处的负累。我们并没有能够分享所有的喜怒悲伤，甚至在某些事情上依然还是陌生的两个人。这可以交给时间去解决，但如果双方都很被动，这个问题就会一直存在。

我时常想起，你无比温柔地站在我身旁，陪我一起看夕阳西下。我说有人在夕阳下弹琴。你说我们在远处谈情。爱上一个人是多么容易啊，但这一时半会儿的美好留不住彼此的心。相识久了的人，慢慢就只会看到对方的缺点，渐渐忘了当初相爱的理由。在一场爱情里，两个人都觉得不是自己的问题，而是对方比较爱自己，这份情谊也就无法继续了。

在相识的最初，我就表达过希望能和另一半有共同语言，我想要的平等独立、求同存异、相互认同的爱情。这必须是一份真挚的感情。但我渐渐发觉彼此都没有用太多心，这是一个严肃的问题。你总是说这是距离的问题，但我们毕竟还是在一个城市，虽然离得远，想解决也并不是难事，让我跑远一些也不是大事，甚至买个车就能解决的问题，关键是你都没想过和我一起去解决这个问题。问题是永远存在的，它是死的，人是活的，有时需要的甚至只是一个态度，不是一个完美的解决方案，就可以让我对你死心塌地，但你没有，你只是一味回避。

你可以说贱人就是矫情，但我必须诚实地面对自己的内心。为何要假装一切都很好呢？我们明明都知道不好，为什么不说呢？等到大爆发时，也没人会帮我收拾烂摊子啊。谁能保证两个人的生活就不会无聊，不会发生摩擦？凡此种种，遇到问题了不是沉默逃避，而是能一起面对，这是责任，也是态度。也许你无法理解此刻我内心所想，但也请彼此多点时间思考。遇到一卡车的难题，但这并不可怕，关键是如何面对。请原谅，也许你觉得没必要想这么多，但我不想要不明不白的感情。放弃有时是一瞬间的事情，我承认我害怕，但认清自己就是一个艰难困苦的过程。希望我写的这一切不会成为你的负累，或者你也可以借此想一想你内心渴望的东西到底是什么。

说实话，现在的我已不像 21 岁，不会把所有的想法袒露在别处。回过头再去看，从前网上的熟人很少，反倒无拘无束，口没遮拦，我想尝试像以前那样真实地去表达。这封信，替所有女生写给那个未能在一起的男生。愿天下有情人平安喜乐。

我在年少时总以为爱情必须是什么模样，其实它不是，最重要的是遵从内心的想法。有个素不相识的妹子看到我写的这篇文章，她正儿八经地跟我分享了她的故事：男人跟女人是不一样的，你要求一个男人心细如针，那真是跟自个儿过不去。前阵子跟男友在外头小摊上吃炒面，面端上来，我就把自己盘里的肉挑给他，结果他就自顾自吃着，我心里不爽，于是伸手夹了他两大口，他就把盘子向我这边推了推，顿时心理平衡了。这是件小事，我要说的是细节。再过 12 天我就 26 岁了，此场景下，突然想到 20 岁的自己，那时候，觉得在一段恋爱中被宠着，天经地义，男友惹我不高兴，往往态度就是不说话、冷眼瞧、“你还好意思问我怎么了？你说我怎么了”。那把大锤，其实是双面的。岁月拿走了年轻时的张扬自傲，也奉还了现在的理智静好。看了许许多多写感情的文章，无非相爱的错过了，在一起的不珍惜，陌生的爱上了，你看，多简单。有句话一直当座右铭，感觉特别适合恋爱中的女人：没事，别找事；有事，别怕事。

这不是一封“分手信”，这可能只是我对爱情的思考吧。谢谢这位与我分享故事的妹子！

亲爱的，这不是爱情

四月春暖花开，草长莺飞，每个人的心难免躁动不安。对于他来说，去年年底前女友选择离开，这是一个很大的打击。他说：如果可以，我宁愿没有认识过她。跟所有失恋的人一样，他又要重新适应一个人的生活，也要重新寻找一段感情。有时他也觉得前女友很麻烦，总是限制他的自由，不让他玩游戏，不让他熬夜，总让他陪她说话，总是以要离开威胁他。无休止的争吵与和好，到后来甚至女方家长也介入两人的关系，彼此的爱突然荡然无存。

与他在一起两年，他们的生活并无太大起色，他的工作没有迈上新台阶，人也越发丧失年少气盛的勃勃雄心，女朋友跟他闹，他也没有耐心去迁就她，没想到结局会是这样。他言语里透露着不甘，更多的是无奈。他笃定地说他们曾经相爱，为彼此付出真心，如今他们却各奔天涯。人终究需要自由，需要释放，需要自己的空间与时间，男生不愿意牺牲这些陪一个女生，女生就会怀疑他到底爱不爱自己，越是这样就逼得越紧。女生随着年纪的增长，慢慢受到来自各个方面的压力，变得焦躁不安，也越发想通过某些方式来证明男生值得自己的爱。就这样，两个人被彼此逼到了尽头。

他和她的相识纯属意外。她是一个理想主义者，对爱情抱了些许不切实际的幻想，直到经历了现实的打击，才对这个世界有了些新的认识。谈起爱情，她说，在经过反复试探终于觉得前男友不适合自己之后，她终于明白了什么叫作缺憾。原本她以为他们至少能在一起度过一段愉快的时光，最终却因为一些矛盾无法调和，夭折了，性格不合是她见过的最讨厌的分手理由，竟然成了她离开的理由。什么都不懂的年纪，缺乏与人相处的经验，在爱情里总是患得患失，希望得到对方一个坚定的回答，而收获的只是一个敷衍的回复。他总是避而不答，不知道如何面对她那些犀利的问题，原本就缺少承诺的勇气，不如就顺势分开。在某些瞬间，她爱过他。

每每说起这些所有人都懂的道理，人们总是忍不住摇头，并不是不懂，而是本性难移，怎样神圣的爱情才可以让人为对方做到改掉坏脾气、坏毛病，让对方容忍一切不满，做到完全放心？这是男女之间很难解决的问题，却又使无数人冲向爱情的深渊，有些人是通过这样来确认自己还活着，还有爱，还有恨。从他的语气里，她能听出他对前女友的懊恼，怨念，无奈。相爱容易相处难，每个夭折的爱情故事都在向人们陈述这个既定事实。

他们是通过论坛认识的。有一天深夜，她突然闲得发慌，就快闲出病来，她发了一条抱怨小个子女生找不到男朋友的帖子。在这个帖子里，她靠机智的回复收到了不少私信，她也逐一认真回复，但大多数人都无法满足她的期待，要么就直接带着生理需求来谈，要么就是冲着本地姑娘来的，一听不约，也不是本地人，就断了联系。偶尔遇到一两个高冷的，上来就发一张存在手机里的女神照，问她是否能达到要求。她心里纳闷，一年没怎么上这个网站，氛围怎么就悄悄地变成了这个样子。也罢，话不投机半句多，每个人都有选择的权利，她并没有责怪这个社会的意思。

在众多回复里，他凭借自己的幽默细胞成功取得了她的关注。来来回回聊了一些有的没的，他发了私信，说：我的直觉告诉我不能错过你，请告诉我微信号。他说，这个城市的雨不停地下，有些人注定要相遇，这是一句歌词。他们在这个初春相遇。

她对这个城市的感情很复杂，复杂到想离开它又离不开它。这是个充满欲望的城市，她欣赏这座城市对人们在物质上的全面满足，各大品牌，公共设施，教育资源，各种各样的人群，只要愿意去寻找和融入，你总能找到自己期待的人和东西。但正因为物质的充盈，城市的人变得异常浮躁，不少人都想通过捷径来满足自己的欲望，他们无视诚信，撒谎成性，小到路边的苍蝇馆子，大到商场里的奢侈品都可能出现假货；小到一段 3 天的恋情，大到一份 10 年的婚姻，都可以充满了谎言与欺骗。她并不是想说自己有多清高，只是在这种大环境下，找到真爱的概率就下降了很多。人一旦对任何事都没有敬畏之心，就容易丧失独立人格，人一旦丧失底线，想找回来是很困难的。爱情在这个城市里的模样千奇百怪，情歌听得越来越多，却越来越分不清楚爱的模样。

他们第一次见面，轧马路瞎逛，没有明确的主题。她已经记不清看到他的第一眼是什么感觉，大概就是他长得挺帅。人是视觉动物，毋庸置疑。越想记住的东西，却没有记住，让自诩记性很好的她感到懊恼。他给她拍了一些照片，拍了一张之后就会问她是不是很棒。她说每次跟妹子们出去玩，她们都无法拍出好看的照片，他就更嘚瑟了。她问，你喜欢我什么，每个女生都会问男生这个问题。他说喜欢你聪明。她不知道这是不是在夸她有脑子，这能说明他跟别人不一样吗。虽然他嘴上说她聪明，但他有时会问：我说的话你是不是经常接不上。她不知道这样的问题该如何回答，不知道这话的潜台词是什么。

他没有问过她喜欢他什么。她会回想，可能有那么几个瞬间让她动了心。也许是第一次见面她穿了高跟鞋，从高处走下去，他友好地抱了她一下；也许是她终于遇到了一个会拍照又长得好的男生，他会说每个表情都很有意思；也许是他帮她搬好家，她问累不累，他说：说实话他再也不想帮她搬家了；也许是他说我也很讨厌做饭，但还是做了几次饭给她吃；也许是她生气时，他都能察觉到状况异常；也许是他能坚持自学吉他，并且一首歌的前奏都能练上几千次……但有时她又觉得他并不爱她，比如收到信息很久以后才会回复，比如他有时玩自己的东西也不跟她交流，比如她一说内心想法，希望他参与讨论，他却常常转移话题。对于她来说，他是一个真实的人，能捡流浪猫回家，能坚持自学弹吉他，能与孤独和谐相处，这样的人总不会太差。

在这个世界上，找到一个三观都一致的朋友很难，伴侣就难上加难。每个人都是孤独的，但又都有柔情的一面，渴望爱与被爱。世间悲欢，离愁别恨，有爱才有恨，爱情的模样过于复杂，但每个人都不会嫌弃真挚的感情。

但每个人对爱的理解与期待都不一样，他喜欢吃辣的，她爱清淡；他喜欢看新闻，她看综艺；她喜欢沟通，他总是沉默；她喜欢小情调，他更实在；他听李志，她听李健……生活就爱作弄人，让人误以为找到了真爱，却是假象。人和人之间，隔着千万条沟壑，每个人的心都不是那么轻易就能够进入。离开之前她告诉他，我们太相似，性格刚硬，都生活在自己的小世界，不容易接近，人总会遇到各种各样的困难，而不能一起承担是可怕的，一时的心动并不是爱情。

给初恋

某年光棍节时被朋友问到感情状况，她谎称已记不清初恋。旁人没有拆穿她，倒是她自己心头一阵惆怅。那貌似已模糊的记忆，回忆起来却如此清晰，也许时间是贼，偷走一切，唯一留下的，是时过境迁的无奈与风轻云淡的解脱。给初恋，写下这个标题时，她知道终于可以回过头来看一看当初的自己。

每个人对初恋的定义不尽相同，可能是第一次暗恋，可能是第一次心动，或者是第一任男女朋友。她的初恋，他就像一个谜题，让她欢喜，也令她忧愁。第一次明白什么是怦然心动，什么是想得而不可得。写这个话题，难免让自己变得矫情，而这却是内心的真实感受。对爱情仅有的憧憬与迷茫，加上理想主义作祟，都成了她执着于这段感情的理由。而在现实面前，它终于坍塌了。他们有一个还算正式的开始，却没有一段像样的结尾。在很长一段时间里，她都不知道该如何去面对。时至今日，她该庆幸自己终于放弃了。

他是在什么情况下打动她，也许是她活了 20 年了，唯有他正儿八经地问她："如果我喜欢你，你会怎么办？" 很多年前，她高中毕业，考了一个二三流本科。带着伤心与遗憾，她来到这个陌生的城市，虽然过完了 18 岁生日就算长大，但始终还欠缺点独立生活的能力。那时她羞涩内敛，想法很多却不善于表达，又顾影自怜，用现在的话来说就是矫情。那时，她还会把每一天发生的事写成流水账。大一学校不允许学生带电脑，要去机房找无人使用的电脑才能上网，一次最多上3个小时，想找一个空位置很难，网速简直是个渣，在此就不多吐槽了。曾经她是有多么愚蠢，认为上网不是好学生该干的事儿，但渐渐地她的观念发生了改变，现在更是无网络不欢！后来，她不再在纸上写日记，而是搬到了电脑上，喜欢噼里啪啦地敲字，没想到这个喜好保留到了现在。

那时她刚进大学不久，经常开着QQ与高中好友抱怨这不尽如人意的大学生活。他莫名其妙地走进了她的世界。当时她对网络的认识不足，对陌生人没什么戒心，容易跟别人掏心掏肺，也加了一些聊友。但她隐隐觉得他似乎跟别人不一样，总是用“您”称呼她，作为学生的她自然是觉得怪异，但她也没放在心上，礼多人不怪。他从不问她要手机号码与照片，只跟她聊生活琐事，抱怨生活多么糟心，把烦心事讲给陌生人听，对她来说更安全可靠，正中下怀。他们像是老朋友，每次遇到都会聊上一会儿。他经常不在线，不是每次去上网都能遇到他，但若是遇到了就会开心，收到他的一条信息都能欣喜很久。

不知道哪天起，之后的每一天，她写的东西里都会出现了他的名字，这简直出乎了她的意料。那时她很少上网，对感情也没有太多想法，对网恋这个词还抱着恶意，他只是她的一个倾诉对象。聊得多，也只是比其他人更熟悉而已。在出现在她生活中一年之后，他才想起要闯进她的生活。时隔一年，她收到了他的第一条短信。她兴高采烈地给了他回复。一来二去，他们变得更加熟悉。那天，她跟同学在学校剧场看一场话剧，突然手机亮了，那时候他们的手机屏幕还如火柴盒一样大，她收到了一条信息：如果我说我喜欢你，你会怎么样。剧院打着昏黄的灯光，她有种错觉，舞台的灯光仿佛让全世界都亮堂起来，内心欣喜若狂，那一瞬间她对他也似乎动了心，一年时间积累起来的好感在此刻爆发。

到现在，她对他依然充满感激，因为他在她最失落的时候给了她很多鼓励，让她变得勇敢坚强。她是个害怕改变的人，生活里出现的不确定也让她担忧。她还在念书，他的世界是陌生的，她常常觉得彼此是两个世界的人。他说过一句话，她牢记到现在——在这个世界上，我们都是一样的，我也是一个普通人，并不因为我强势，就比你了不起。

第一次给他打电话，她竟然感到了冒昧，他依然保持着他的礼貌，她心中的小鹿却一直乱撞。南方爷们儿的普通话里带着点羞涩，听起来很温和。这是她打给他的第一通电话，时隔太久，她已经不大记得具体内容了。他们相隔太远，而未来还太过遥远。她热衷于扮演一个好女孩的角色，矫情地认为不打扰是一种温柔，这个幼稚的想法让她抱憾至今。

夏天来了，她的心情如同酷暑，闷热烦躁，透不过气。他没多说什么，只是说他要走了，本来以为这句话会来得很晚，没想比她预料中早太多。她正在图书馆里看着书，大夏天的周末中午，阳光灿烂，图书馆桌椅摆放齐整，光线明亮，人烟稀少。一听他这么说，她当时就懵了，她趴在桌子上，转过头，故意打了个哈欠，眼泪顺着脸颊滚到了衣服上。她拿起纸巾擦了擦鼻子，依旧一声不吭。她只能说一路顺风。在那一瞬间她的感情似乎还未有眉目，就这样丧失了。沉默能够掩饰悲伤，她不想看起来那么愚蠢。

他走后，她的生活恢复了平静，不再对他抱有期待。再次收到他的消息已时隔数月。在这几个月里，她听歌，写字，玩电脑。那个暑假发生的一切仿佛都没有消失。有天朋友拿了她的手机玩，看了他发给她的信息，他问这人是谁。她支支吾吾不想说太明白，他说不要受骗上当才好。她又尴尬又无奈，笑笑说自己有分寸。她从来没有怀疑过他，一分一秒也没有。后来他又回来了，此后的半年是她最开心的日子。虽然在不同的城市，平时也只是聊聊彼此的生活，而他确实在这段时间给了她莫大的勇气，她开始有意识地做出改变。他说只要肯努力，就一定能够实现自己的梦想。她开玩笑你哪来的自信。我就是知道，他是这么回答的。

他给她呈现了一个大人的世界，亲情的冷漠，情人的背叛，朋友的离去，职场的残酷。她还没有经历过这一切，她并不需要跟他一样懂得这一切，但跟他相处的日子，她感受到了被爱。记得一个冬天，她跟闺密出去旅行，在凄清的夜里，落雨的屋檐下聊天。他找她聊天，说自己正在跟别人应酬，他说人长大了就变得贪心了，羡慕简单的生活。人总是会想要自己没有的东西。她当时无法理解他的悲伤，不知道他在羡慕什么，只沉浸在自己的快乐里。她不大喜欢下雨，却爱上了雨打屋檐的声音。

南　方

不知道什么原因他住院了，在医院里睡了很久，他们失去了联系。理智阻止了她的冲动，想去看他的瞬间，她发现自己对他知之甚少，她不知道他家人的联系方式，不知道他的住址，不知道他住在哪个医院。她发他的信息，不是他朋友就是他爸妈回的，以至于她不知道该说什么。后来他终于醒来，他说是因为不想让她担心，才隐瞒了一切，很多事情只能一个人承受，不想连累别人。至今她也没弄清楚这话里的意思。他再次失联了，却没有留下半句话，她感觉到了残忍。她并未删掉他的联系方式，他偶尔会出现在空间访客的位置。有时他还会记得祝她各种节日快乐，后来就失去了联系。她体谅，不计较，他只是按照当初的计划离开了而已。这个世界上能有几人能够一直按自己的心意活着呢？所以人不要总说对不起。

从别人那里知道他的事情对她来说很残忍。别人的语气凝重而忧愁，她无法再多说什么，她知道对于这段感情她使不上劲。在相当长的一段时间里，一想起他，她就会想哭。每天都没有期待地过着，虽然不至于要死要活，但她感到了绝望，只觉得生活又变得索然无味，她想写一个故事来缅怀初恋，在这个故事里，男主角一定不能无缘无故就离开女主角，一定要做守护她的天使，看来她是韩剧中毒了。那时候他去枫叶国，她嘱咐一定要摘几片新鲜的枫树叶，晒干了后夹在书里保存好送给她。可是，干枯的叶子书签却到了别人手里。有人管礼物叫"手信"，多么亲切而朴实的一个词，她几乎一下喜欢上了这个词。至于他，不管过去与未来的路会如何，她只能跟他说再见。这曾是她喜欢到想拼了命爱的人啊，如今他散落在天涯。

几年后，当她再次想起那个关于初恋的故事，早就没有要哭的冲动了，她想每一个姑娘的初恋，真的像是在和自己的想象力谈恋爱，悲伤的故事。不过，正是靠着这些初恋，姑娘才会长大呢！

爱的幻象

教　堂

跟很多女人一样，她的生命里也曾出现一个"疑似对的人"，甚至差点让她相信"这个世界上所有的错过，都是为了遇到他"这种鸡汤句。俗话说，鸡汤恒久远，一篇永流传，但鸡汤无法拯救疑似的爱。疑似对的人，即便出现在对的时间，无法避免终是一场幻象。

说起几年前的他时，她的眼睛依然在放光。如果非要问最后一个问题，那么她的答案是爱过。但他说，你永远无法控制他人，不是你努力就能得到。当他冠冕堂皇地说出这话，她居然还圣母附体说喜欢一个人跟他没关系。一定是当时脑残片不要钱吃多了，鸡汤文真是害死人。当然，真心喜欢一个人，被拒绝一次就放弃也是软弱的表现，但犯贱也是要有所选择的，犯贱对象万万不能是个贱人，否则最后自讨苦吃。

有人不甘寂寞到处留情，有人愿意守着一个人过一生。真的能辨别出哪种人生选择更好吗？当你选择一种生活，就必须放弃另一种。年岁渐长，她才恍然大悟这辈子能做的选择太少。在彻底放弃前，通常人们还会苟延残喘，想尽办法自欺欺人。真正放弃的那一瞬间，能体会到被人从山顶一脚踢到谷底的感觉，掉下去之后，甚至再也没有勇气爬上来了，竟然会希望自己的这颗心能像玻璃一样破碎，最好永远不再复原，就不会再有下一次。

怎么区分疑似对和真的对，这是一门大学问，但是否遇到渣男，还真是各看运气了。她眼中的他其实不算渣男，只是恰好落花有意，流水无情，她在一段时间里成了他打发时间的对象。放弃，对每个人来说终究是件痛苦的事。“过去，我被动放弃了很多。而今，我还要学会主动放弃，那么遥远和陌生的一个词，现在却是我生活中的常客。”她无奈说道。忍住了泪，不代表不伤心。人这一辈子都活在欺骗与自欺中。此时的她却是一个看透了风景的人。

作为一段时间的知心好友，她见证了他的几段情史，她曾经试着把话说开，但对方总是还未等她说完就给挡了回来。她开始回想起他的泡妞招数，竟然这几段经历都如出一辙，都可以为他写一段泡妞圣经了。先拿到对方的联系方式，为她解决几个问题，尝试接近她，投其所好送点小礼物，附带送一些自己喜欢或熟悉的东西，注意礼物一定要小，否则一开始会让对方有拒绝的机会。吃饭交流是一个必然的过程，吃什么不重要，要尝试从对方角度思考问题，拉些工作生活的家常，不要太过严肃，也不要给对方压力，顺便吹个牛回忆下当年的勇与怂，谈笑风生，在不经意间谈到奋斗的艰苦与未来的光明。吃完饭前记得借上厕所时顺便买个单，几个回合下来再带回家下一次厨，差不多就万事大吉了。

她心里思忖这手段极其简单粗暴容易复制，却屡屡有人中招，女生挑选对象的眼光真是越来越不敢恭维了。为他翻山越岭无心看风景，到头来却必须洒脱抛下一句不畏浮云遮望眼。为什么称之为疑似对的人是有原因的，至少他在一段时间内填补了她对爱情和生活的想象，但这始终只是一种幻象。

在社会舆论的长期教育洗脑下，女人容易在精神与肉体上依附男人，并且这被很多人认为是天经地义的，同时女人最容易母性泛滥。鸡汤文一般都写每个男人心里都住着一个小孩，男人在女人面前表现出他幼稚的一面才是真爱，但她以为事实绝不如此片面。真正的爱不是为自己内心的小孩找个妈，而是内心的小孩为了爱而长大，在女人面前卸下包袱，坦诚相待。她曾经从他身上感受到了一种坦诚，然而却随着时间的流逝变得越来越稀薄。若他的心是一扇虚掩的门，她看到了一束光芒，她想里面一定是阳光灿烂，于是轻轻打开了一道缝朝里张望，发现了一个全然不懂的世界，里面的黑令她害怕却步，于是她又悄悄地把门关上。是，那只是爱的幻象。

相亲记，你也有今天

对每一个平凡姑娘来说，25岁以后的单身时光都是奢侈的。

25岁之后，最常经历的一件事，就是被催婚。家里人生怕她不慎错过了好机会，就再也嫁不出了。他们总是说，只要男生经济条件可以，性格好，就不要挑三拣四了，也看看你的条件，不光你挑别人，别人也要挑你，都多大的人了，还以为自己是小孩子。在他们眼里，财富值跟颜值通常不成正比，而且颜值绝对没有财富值重要，而单身女性则不这样认为，在价值观的激烈冲突下，相亲成了双方选择的折中之路。

R小姐就是正经历着被催婚痛苦的单身女青年。每每面对父母长辈，加之又听说以前同学嫁的嫁，娶的娶，巨大的恐慌感漫上心头，表面佯装无事，内心千万头草泥马奔腾而过。从小父母对R小姐的态度就是放养，对R小姐的处事一向极为放心，R小姐也从未让父母失望，凡事都能处理好，但唯独这件事没有让他们称心如意。于是在各路亲戚朋友施加的强大压力下，R小姐也开始从誓不相亲到妥协服软。

当然，她也不是没有动过结婚的念头，无尽的虚空也会在夜深人静时吞噬着她的心，但所遇的爱情不是她想象中的，父母尝试介绍的对象都不尽如人意，所以只好走一步看一步了。相亲的步骤比自然相熟来得更快更直接，通常约见面吃饭，之后各回各家各找各妈，凭一顿饭时间描述对方给自己的感受，立马下结论，这个人是直接 pass 还是继续接触。如果有一方给另一方发“算了卡”，这段关系就算终结，继续接触也都各安天命，聊实际的问题多于感情，都是普通人，哪里来的一见钟情？

R 小姐在相亲过程中遇到的奇葩是一箩筐接着一箩筐，奇葩之多，多于天上星。有碰面半天都说不出来一句话的，有总强调不熟时不大会表达的，有硬是轧了会儿马路一顿饭也没吃上的，有年纪轻轻上来就跟自己谈养生的，有聊着聊着就问买不买保险的…… 当然，也有条件好的，通常会问家庭背景，父母从事的职业，甚至还有问读书时在学校里有没有当干部，未来有什么打算，考察的范围之宽令人捏一把汗，资源、才智、能力、思维，都在其中了。别再说女人实际了，比女人实际的男人也多了去了，只是恰好没碰到。

迷　失

遇到奇葩不可怕，关键是在经历那么多奇葩以后，她的要求是越放越低了，在勉强之后觉得可以跟昨天见面的男生继续谈谈，对方竟然拒绝了自己，内心一阵失落，一股无名之火即将爆发，但那一瞬间失落却更胜于愤怒。这仿佛是连续相亲未果必然都会经历的遭遇之一。连降低要求都不能换来结婚对象，那相互勉强接受对方真的能换来幸福？这是来搞笑的，不是来搞对象的。此刻突然意识到念书时遇到的人是如此可爱可亲，自己却没能好好把握，这万恶的成长轨迹啊，在一代代人身上重演，并且愈演愈烈。

R 说，真正悲哀的不是找不到结婚对象，是越来越不知道我们要的究竟是什么。

写到这里时，脑海中闪过了 N 个人的影子，本来想展开的故事却都草草结束，内心竟生出些许悲凉。

有人看到我这篇文章给了一些回复，多为负面信息。原来大家都这么悲观，不要吧，我不是来传播负面思想的。希望我们可以尽早探讨下怎么办。

[本文根据真人故事改编]

也许，这是最后一次长谈

晚上8点，她走进离家最近的水果店，突然看到一个熟悉的身影，他也在，正好要付钱。她拎着塑料袋子晃了他一下。

“这么巧啊。”她跟他打了个招呼。

“是啊。”他见她在挑橙子，“我买橙子了，要么你先称好了。”

“各买各的，我还在挑，你先付吧。”她接话，继续挑着橙子。

买完水果，各自付账之后，他们就结伴回去了。对了，他是她的邻居。

虽然是邻居，但他们已经很久没讲过话了。生活上必需的交集，最多只是在微信里相互知会，但碰见了也不至于会到无话的尴尬。最近工作怎么样了，她问。他有点无奈又事不关己地笑了笑，办公室最近有点火药味，新来的领导跟之前的上司还为了琐事吵起来了。水果店到家里的路程很近，他们在客厅里边吃水果又边聊了一会儿，说着各自最近的改变。

2月，第一次见到他，是她找他帮忙解决工作上的问题。3月，她第二次见到他，印象中的他依然是笑容灿烂，稍有点憨。后来她主动找他聊了会儿天，她说喜欢看书，有人说这个爱好的门槛最低，没什么爱好的人都可以说自己喜欢看书。随后第二天，他告诉她自己看了一本不错的书，要不要拿去看看。除了借书，他还拿了一盒自己喜欢吃的零食，笑着说随书附赠。她觉得随便拿别人的东西不大好，就谢绝了。4 月第一次约着吃了一顿饭。这些都是她从一个记事本里翻到的，后面便再没有记录。再后来，他和她成了邻居。

距离近了，各自的生活发生了一些变化，起初几个朋友总混在一起，年纪尚轻时对生活的担忧远不像现在这般，不需要思前想后，惶惶度日。挥霍的时间在记忆中也总是洋溢着肆无忌惮的快乐，打牌、游戏、吃饭、下厨、聊天、看片、逛菜市场……如果非要用一句话来形容，那就矫情地称之为“回不去的一群单身朋友的奢侈时光”。

时间久了，反倒多了一些牵扯不清的东西。相互更了解彼此的缺点，有些话藏在心里，不愿意放下所谓的自尊好好沟通，任性地消耗着对方的耐心，用刻薄的词汇去挑战对方的忍耐限度，年少气盛，处事幼稚。再加上生活的琐碎，工作的变动，新的情感生活，他们的交集变得越来越少。谈不上矛盾，却渐渐感到了彼此的疏离。他问她，回想一下我们认识的几年里，印象最深的美好与讨厌回忆分别是什么？随即又自言自语，可能一时半会儿也想不起来。以前他总是会主导谈话的内容，凡事都要得到一个结果，如果她一时说不出来，或者说出来的话不符合他的心意，他就会拿出“没脑子，早就该放弃你了”这种架势来，丢下一句“这就是你要说的？就知道跟你说了等于白说”，然后就走开了，留下郁闷的一个她。这次他没有非要让她说出个所以然来。

她告诉他，从前总是忍不住对闺密抱怨他的缺点，一爆发起来就说个不停，闺密说情况没有那么糟，是她太小题大做，太把小事当回事儿了。现在她在别人面前说起他时只说优点，聪明、勤奋、有人生规划、处理圆融成熟，只可惜跟自己不在一个频道上。她变了，他也变了。好的回忆是那些不经意间的流露，不好的却是要刻意隐瞒。第一次下厨房时煮了面，他说真好，这才有家的感觉。他常常会花几十分钟跟她聊天，探讨问题，她的思维方式因此发生了一些变化。他总是请客吃饭买单，生活里涉及需要AA的，在钱上从不让她吃亏。第一次帮忙处理臭袜子时，她面露尴尬。怎么了，多大点事儿啊，他调侃道。他总是会敏锐地发现她正在做的事，并予以最大的帮助。

但有时她却依然能感觉到彼此之间的鸿沟，无法感受到他发自内心对她的赞赏。他对她的感激只是生活上的一点照顾。他因觉得她无理取闹，言辞过激，就把她从好友列表里删掉了，一两个月都没有说过一次话；她觉得自己根本没错，是他不够厚道，心想着原来努力建立起来的情谊这么不堪一击，伤心地哭了好几天。生了一场莫名其妙的病之后，她的内心豁然开朗。她感激他主动讲和，不至于让不愉快的情绪一直延续。

有一次，她拿了他的游戏机玩，搞不定一个小问题，就问了几句，他说你怎么就不能自己思考下，怎么就这么笨呢。当意识到他连这点耐心都已丧失时，她暗自想，就算哭，也不需要他的肩膀了。对彼此诚实是一件困难的事儿，虽然几年后回过头来看，某一时刻经历的事只是浮云，在当下却无法释怀，小S跟黄子佼10年后才冰释前嫌，所有人都无法让所有事都圆满，爱情、友情都是一样。此时，把所有曾经放在心里的话统统都讲出来，并且彼此都能坦然接受，这是两个成熟的人之间的对话，不冲动，不过激，但她满意了。

好久没像今天一样好好坐下来聊天，他说，那就再聊半小时吧。过了一会儿，她开玩笑说半小时到了。他离开时也不忘再补一刀，以后就不要再浪费时间聊天了。这一次，她没有像往常一样跳起来奋力反驳。青春像一条很浅却湍急的河流，年纪小的时候，投石问路但不一定就能找到对的路，但人终究会长大，迟早可以趟过去。

就此别过

专业备胎

如果几年后你还没结婚，你就娶我吧。这是她对他讲过的最矫情的话，那时候他们还年轻。现在这话看起来就像是对备胎说的，可那会儿他们都不知道备胎是什么意思，也没有把对方视为备胎。

他们相遇时，他刚从大学毕业，他学的是设计，毕业后到本地一个广告公司工作，薪水自然比不得北上广这些大城市。他很瘦却秀气，喜欢摄影与修图。她尚在念大学，对世界充满了美好的想象，刚好在修摄影课，于是跟他有了共同话题。

他给她看自己大学时候的拍的造型和毕业作品，镜头下的他，有十几岁穿着白色T恤坐在雕塑上的模样，也曾经留过杀马特洗剪吹的发型，艺术感十足地戴着白色面具坐在白墙上摆pose，还有背对着镜头单手高举搔首弄姿…… 她喜欢他的眉清目秀，幽默温和，他是她平静大学生活里的一道波澜。

他也常常跟她谈天说地，买了相机，去了哪里玩，拍了什么照片，图修得怎么样，公司发生了什么。渐渐熟悉了，几乎每天她都会接到他的电话。她小心翼翼怕打扰他工作，他却常偷偷在上班时间跟她说话。有时聊到很晚，她不小心睡着了，第二天打开手机，还是会收到他的信息，他说，猪睡着了，希望明天一早这头猪就能收到这个早安。她常常被这些细节感动着。后来他们一天要煲 1 个小时的电话粥，经常彼此会问一样的问题，偶尔会有不知道说什么的情况，但即便随便嘻嘻哈哈插科打诨也让彼此觉得舒心。年轻时要么无知无畏，要么青涩懵懂，微妙的恰是彼此之间的试探与暧昧，谁也没有说穿。距离却是现实的问题。

认识他以后，她要开始实习了。每天要坐 1 个多小时的公交车去市区，每天六七点起床，8 点多到公司，人生第一次尝试何谓工作的艰辛。他陪她打发了坐公交的无聊时间，让她有了坚持的动力，这段记忆不至于太糟糕，反而因为有了他而显得有趣。那时她买了一个 1000 多块的数码相机，只有 800 万像素，甚至不及现在一个手机，但她拍照时很用心。有一次她站在阳台上，拍了当天的晚霞，对面学校的宿舍楼在晚霞中显得格外安静，她把照片发给他，他一直嫌弃这张照片的光线太差，就用软件帮忙做了一下效果。那时已经有了傻瓜式美化照片的电脑软件，但他说哪里比得上专业软件。

他开始在电脑那头教她如何拍照。“拿着镜头对着远处的天，对好焦，移动相机，看发生了什么变化；下面换个对焦点，可以换对面那栋黑乎乎的楼，再移动相机，感受下变化。你还挺聪明，一教就会，有些人我教了无数次对焦也没学会，光很重要。”至今她偶尔还会端着相机假装自己会拍照，她知道的东西很有限，对各种参数更是一窍不通，而这个技能却早就熟练。这张修过的晚霞的照片还在她的电脑里，他却早已淡出她的生活。

事由已经淡忘，她想不起来当初说了什么重话，她遇到了一些问题，对当时的她来说太残酷。她没有把事情完整地告诉他，只说了一些片段，不安与焦躁淹没了她。她和他之前的关系，成了她最不想直面的问题。他当然察觉了她的不对劲，却没法帮助她解决最紧迫的问题。他们之间的微妙关系渐渐发生了变化。直到有一天，他说，他准备和身边的姑娘交往了。

她开玩笑说，结婚时候一定要发邀请。他说，媳妇倒是知道她的存在，但距离太远，怕她不方便。她顺势说确实不大方便呢，她不知道自己有什么立场去。他是否有通知婚期，她已经忘记，但她知道后来他在本地买了房子，结了婚，生了小孩，过上了一个准中年男子应该过的生活。而她偶尔会收到他的无关痛痒的信息。她问当奶爸的感觉如何，他发来一个汗的表情。她想，如果他们当初在一起了，现在会是怎么样，而这个问题对她早已不重要了。

“我也不想这么样起起伏伏，反正每段关系都是孤独……”耳边传来了王菲的一首歌。

少年亦有长大时

“十一”放假回家，第一天便赶着参加了一场婚礼。粗枝大叶的我竟然忘记了婚礼这回事儿，忘记提前买票，就定了 2 号有座位的票，定了之后才想起 1 号要参加他的婚礼。我忍不住责怪自己这么大个人了，做事还毫无计划，更是气自己坑爹货，竟然没把这么大的事儿放在心上，于是速速把票换成了 1 号的站票，也真是蛮拼的，就在门口站了 3 个多小时，后来实在扛不住就坐在箱子上，因为昨晚睡得少，居然坐着就睡着了，即便如此，还是买晚了，赶不及仪式，只赶上吃晚饭。

他是我的小学同学。在我念完小学四年级时，村里的学校就被合并到镇上去了，我们只一起念过两个学期，初高中都是在同一所学校但是不同班。算起来我们已经认识很多年了，但彼此交流时间并不多。记得小时候我们每天都是骑自行车上下学的，需要先翻过一个上坡，再朝不同的方向骑一个下坡。那时男孩子比较调皮，一到桃子成熟的季节，上坡中途还会停下来去偷摘路边的桃子，不知道他有没有在列。

初高中只在学校碰到过几次，碰到了也就打个招呼，点头示意，基本没有聊过天。他小时候瘦瘦的，长得帅气，学习也不错，是会惹小女孩喜欢的男孩。后来就处于没有音讯的状态，即便在同一个学校，相隔很近，但也没有交集。这个世上或许是有机缘一说，很多人就是你生命里的路人甲，过去了就过去了，再也没有熟悉的机会。但有些人却能再次熟悉起来。

不记得是通过什么方式拿到他的联系方式的，只知道念大学以后又熟悉了起来，偶尔会聊天，半开玩笑半认真说给他介绍女朋友，虽然这事儿以失败告终。时隔多年，再次见到是在火车站，他的火车误点，又赶时间，让我帮忙买一张新的火车票。当时还没有12306，我跑到离学校1个小时的车站给他买了一张票，傻坐在车站等他。我带了一本书坐在那里看，突然就有人在我面前晃了一下，我抬起头，真的是他，第一反应是多年不见长胖了！后来听他说在兰州牛肉拉面吃多了…… 以前隔壁邻居的亲戚去兰州念书也因为吃拉面长胖了，当下我心想这兰州的牛肉拉面真是毁人不倦啊，把美少年全都毁了。

念大学时，大多男生都在疯狂地打游戏，他对游戏也情有独钟，经常会问我打不打WOW，我说不会玩，还没有软妹币，分分钟会被秒掉的，坚持没有玩。我想这是我离WOW最近的时候，

匆匆那年

李毅吧，贾君鹏那些玩意儿，也是从他那边听来的。上大学以后，我们也只见过一两次，他算是跟我关系比较好的男同学，我习惯喊他哥，有事没事就骚扰下。想起来这些都是年轻的奢侈品，年纪大了，各自都有新的生活，有时连个可以骚扰的人都没有了，人生总是处于一个一个阶段，每个阶段都要做不同的事，我赶不上他。

后来，机缘巧合下我去了网络公司，倒开始接触起游戏、论坛这些玩意儿了。某年我失业之时，他说认识某创业公司的 CXO，可以帮我看看是否可以去工作。我不禁好奇，他在老家，怎么认识上海的创业公司，后来才知道是游戏里认识的，瞬间觉得世界太小，最终我没能去那个公司，现在还是和这位 CXO 保持着一些联系。工作以后，联系变得更少了，问候都是偶尔的，有时他会开玩笑说要不要回去老家工作，毕竟一个人在外不容易，但我都没有下定决心从上海这个城市离开，适应了一个地方再要离开，是难上加难。

有一天刷朋友圈，看到他的一条 update，定睛一看是订婚了，突然好难过，心想这多年交情，居然都不告诉我，真是太伤心了。于是发信息过去一边恭喜一边讨伐，他说哥想结婚时喊你，订婚就不让你专门跑过来了。我哼哼唧唧了几句，说不想请就别请，不要假装客气。他说怎么会呢，本来就是这么打算的。说起来，从小到大，虽然离得近，都没去过他家。

终于是等到“十一”这会儿了。站了好几个小时赶到他家，他家大到可以办酒席，看到他西装革履地站在门口招呼人，踏进大门那一刻，我才真的意识到这位哥们儿已经开始了另一段人生，感慨着，也祝福着。我比较自便听安排坐在他大学同学旁边跟他们随便聊了几句，也聊起他当时爱玩 WOW，不胜酒力一定会挂之类的，到关键处伴郎不够用，旁边的哥们儿也喝酒去了，大碗喝红酒，真是不把红酒当酒。当新娘和新郎敬酒时，他喊了一下我的名字，新娘说听他说起过我，我喝了一杯酒，突然想起他跟我说起过的那些年的故事，比如他和初恋女友的故事，考了两次大学的原委，工作不顺的无奈……少年终究是要长大的。酒足饭饱，跟他告别说先走了，他喝得有点多，一直说招待不周，怎么这就走了，特地从那么老远跑回来。大哥，别这么婆妈磨叽了，再说我就要泪奔了。

假期结束我从老家回上海了，他突然发来信息说，妹子，结婚忙晕了，招待不周，连楼上都没去，太失礼了，之前说过来喊你拍照的，你早走了拍照都没人了，忙到这会儿才想起。同时，他也表示妹子你得抓紧了，人总是要长大的，找个合适的嫁了吧。我忙接他的话茬，这一番话真是用心良苦。他说自家的妹子啊，必须的。参加婚礼免不了被洋溢的幸福感动，眼看认识这么多年的他终于娶媳妇了，除了祝福还是祝福。

每次参加同龄人的婚礼，就像一场盛大的告别，提醒我要告别少年时代了，其实我的内心是崩溃的。少年亦有长大时，过去未来轻轻重叠，世界很小，未来还长。

理想主义暖男的爱情

说起他，我脑海里闪过一个词，这词叫“理想主义暖男的爱情”。每个人的成长史上，都有一段完美或胡闹的初恋；每一个人心里，都住着一个不可能的人。执着的人不肯放弃，决绝的人宁愿毁灭，说到底都是完美主义者，一旦遇到过那个人，就觉得剩下的所有都是将就。

年轻时我觉得这段话很棒，但时间久了，理想主义者的内心也会被敲打，尤其是接受了不可能的人已经既成爹妈的事实，以及遭受了以长辈为核心，朋友为辅助的多重舆论打击，到最后，理想主义者也会慢慢地改变，妥协，认清什么年纪就该做什么事儿。但内心的执着，还是会以别的形式存在。

他是我见过的最懂礼貌的男生。这里说的懂礼貌，不是通常人们所谓的绅士风度，而是在处理细节时都充满了真诚，这很难得。打个比方，我们说一下打车这件小事。我接收过两种信息，有人认为既然我付钱了，我理应得到相应的服务，不用客套去说谢谢，并且拿国外的服务业来论证这个观点，他们会一直跟你说谢谢；另一种，就是客套地跟司机说声谢谢。前者是更商业化的思维，后者是更像是一种习惯，于己于人保持一种距离，谢谢可能就是保持距离的一个好词汇。但他对的士司机的谢谢，让我感受到的不是客套，而是发自内心。坦诚，能让周围的人也变得没有防备，但怎么收放自如，可是一门学问。从理想主义跳跃到暖男，这两个特质集中在同一个人身，这必然是一个好少年。

偶尔会跟他聊天，我们这个年纪聊的话题，自然逃不过找对象结婚。我们总觉得要求不高，一定是周围的人都瞎了。但如果真爱那么容易降临，就不会看到离婚率年年攀高了。我说，等我找了对象以后，可就不能陪你聊天扯淡了。他接话，那我也宁愿没人跟我扯淡啊，大不了找别的人聊啊！一阵哈哈大笑之后，各自散去。

有一阵子，因为某些人际关系，我的生活处于一团乱的状态。每天下班回家，我都觉得好痛苦，但又不想在办公室里待，因为在那里不能哭，不能躲，再怎么难受也得憋着。一回家就整个放松下来，收拾好东西就躲到房间里大哭一通。他打来电话，问我怎么了。我反而哭得更凶，就好像是一个水库，积了太多水，突然找到一个闸口，就决堤了。我难过的时候一般不想打扰别人，因为不想把负面情绪转移到别人身上去。他说，我不大会安慰人，但是你尽管哭吧，好基友就是这个时候用的。难过了好几天，这通电话是最治愈的。

他跟我聊起那个真心爱过却没有在一起的姑娘，他说：我觉得她是这世界最好的姑娘，只是当初下手太慢，最后错失了缘分，现在她已嫁为人妻，只能暗自责怪自己。这段感情困扰了他很久，他曾经答应过她要与她生活在一个城市，最后她却嫁给了别人。后来，他竟然还在她的城市买了房子，连我也被这样真挚的感情感动了。他说，那个姑娘的小孩要叫自己干爹，买下的房子离她家很近。在知乎上看到一个回答，与君共享，改编为：什么时候才能真正放下一个人呢？——必须等你明白，那个人不是你想象的那样；和他在一起也不是你想象的那样。难怪很多所谓的情感大师都不赞同婚前同居，这根本就是透支婚后生活呀。写着写着就偏离主题了，其实主题一直都没有变，关于真爱，晚到总比不到好！单身狗要擦亮眼啊！对了，理想主义暖男还信奉一条：真有本事骗的话，就算骗也要骗一辈子的。

最近我见了他一次，他已经找到人生真爱了！那个城市的房子他已经打算卖掉，要到女朋友所在的城市生活。理想主义暖男的爱情终于尘埃落定，我也由衷感到高兴。突然想起张爱玲写过的一段话："也许每一个男子全都有过这样的两个女人，至少两个。娶了红玫瑰，久而久之，红的变了墙上的一抹蚊子血，白的还是床前明月光；娶了白玫瑰，白的便是粘在衣服上的一粒饭粒子，红的却是心口上的一颗朱砂痣。"

理想主义暖男，值得被更好的人爱着。

准许这个我共你于今生，恋得高兴

写给步入婚姻阶段的朋友们。

10年是一个微妙的数字，在短暂的一生中，10年显得特别珍贵又漫长。掐指一算，我与他们竟然已认识了10年。时间让我们走到了又一个人生选择的边上。每当我在键盘上敲下数字，就能强烈地感受到时间在指缝中溜走。从小到大，在不同的人生阶段，我都能遇到这样几个朋友，无须时时刻刻联系，甚至有些已失联多年。而命运让我们再次相遇，再次成为彼此重大时刻的见证者。人作为个体是很渺小的，我们只能把有限的时间给有限的人，我相信人与人之间存在某种微妙的联系，就像我和一个朋友10年没联系了，还能在一个问答网站上遇到。

那是一个鼓励实名制的网站，我填写了真名，L偶然看到了我回复了一个问题，他私信我，问我高中在哪里念书。我们就这样再次相逢了。我跟他高中关系并不是太好，只同班了一个学期就分班了，他在我后桌坐了一阵子，高中时期是我人生中最内向的一个阶段，我并不善于跟男生打交道，也没有所谓的蓝颜知己。但我记得他很喜欢历史，别人欺负我和我同桌的时候，他几乎不会，最多耍耍嘴皮子，L在我的印象中是一个温和的人。他跟我一个姓，所以我对他印象颇为深刻。

现如今网络如此发达，想再找到一个人也许并非难事，无须翻山越岭，但难的是遇到理解自己的人。相认之后我只感叹了下网络的神奇，能让我再次遇到好几年没见的同学。有一天我登录了豆瓣，突然看到很多回复，仔细一看都是他留的。我已经很久没收到那么多留言了。他经常开玩笑说，相信你迟早会出名的。虽然我把这句话看作一个玩笑，但我对L仍然充满了感激。有些人在我生命中出现的频率并不高，甚至几年也碰不到一次，即便我们的交流只有几个瞬间，我也认定他们就是我的好友。L出乎意料地邀请我去他的订婚宴，就在我们又遇见的几个月后。我心说天底下有如此温柔的男生，姑娘可要好好珍惜。

从2011年起，我开始陆续参加好友的婚礼。从前觉得结婚是那么遥远的事儿，如今还没有结婚倒成了新鲜事。2014年我参加婚礼的频率明显高于之前。当H告诉我她要结婚了，给我们发请帖，我简直惊呆了，之前我都没有收到任何消息。她说，以前觉得单身挺好的，但遇到这个人，发现两个人会更好。她是一个非常乖巧勤奋的姑娘，遇到不开心的事都自己默默消化，从来不给别人添麻烦，我很欣赏这个姑娘。几年后再见到她，依然善良纯真，但更加自信与独立。这么好的姑娘，谁娶了是谁的福气。这几年她在异国求学，虽然联系不多，但我能明显感受到她的成长。上天一定要眷顾这个好姑娘，如果你跟我一样懂她，一定会跟我一样为她祝福。每当在婚礼上看到身边的朋友变身为新娘或新郎，总有那么一个瞬间，内心的无限感动化成了眼角开心的泪水。

写这篇文章时，翻出了高中闺密的结婚照，C拖着长长的婚纱站在窗边，窗外的光线如此温柔，洒在她幸福的脸上和美丽的裙摆上。她的回眸一笑，留在了我的镜头里。一晃就几年过去了，在我最好的时光，遇到你们，是一种幸运，一起成长的时光是无可取代的。我已经不记得彼此有多久没见，我还是会经常想起，她活泼洒脱，懂得照顾人，却有着一颗小女人柔软的心。她说，现在越来越发现念书时累积的情感才是最珍贵的。我们已被风吹散，散落在天涯，却心系彼此。

念书时我们的座位是轮流换的，B是我众多同桌中的一个。她让我明白了什么是真正的勇敢。我是一个心思细腻又顾虑重重的人，害怕麻烦，爱逃避。如果换了我站在她的位置，我可能早就放弃了，或者说我根本不会让自己处于困境，我看到了自己的软弱与渺小。为了迁就这个社会既定的规则，我们压抑了最本真的内心，不得不扮演一个让别人满意的角色，听起来这颇为可叹可悲，而这竟是生活。我们不得不进行情感的抉择，不得不逼迫自己早日放弃粉红色的爱情梦，成为更坚强的女性。

好的爱情，不仅带我们领略四季的变化，更能让我们接触到更宽广的天地，不是每个人都能碰到。成长有时并不是那么美好的事，每个人都会经历各种情路上的坎坷，这些痛苦让我们做出了不同的人生选择，或果断放弃，或迎难而上。如果每个人都将眼光放长十年，情感世界就大和谐了，只是眼下，能爱的就爱，该恨的还是要恨。陈奕迅唱的歌，十年之后我们是朋友，还可以问候，只是那种温柔，再也找不到拥抱的理由。

那些毕业后再也没见过的人，也许就真的不会再见。后来萍水相逢遇到的一些人，不大关心你的成长历程，他们没空去知道你以前是学渣还是学霸，你暗恋过几个少年，追过几个姑娘，不知道你走到现在吃了多少苦受了多少累，他们看到的只是眼前戴着面具的你，也可能永远看不到更完整的你。基于此，真正的朋友之情就特别值得珍惜。我们无法无时无刻和朋友相伴走完这一生，我们只需要陪伴和安慰。当再回望这段时光，更多的是会心一笑，不是遗憾，而是温暖。失去的不可得，在身边的则需珍惜。

说到婚姻，除了理智，还需要一些冲动，如果把一切问题都想明白了，可能真的没有结婚的欲望了。很久以前就跟别人讨论过两个人在一起到底什么是最重要的，至今我的想法都没有变过，就是彼此都能变得更好，更快乐。虽然这会被很多已婚人士说成理想主义，请原谅我就是这样的人。十年啊，我们一定都知道些彼此所承受的东西，这其中的喜怒哀乐，仍只能各自继续体会。在未来，我自然是不敢保证能随叫随到。当你高兴时可以不用想起我，我不会不开心，有时我只想做一个安静的美姑娘。当你难过时想起我，找我吧，也许我能陪着喝一杯，清掉心里的垃圾。

下定决心跟一个人过一生，应该是需要很大的勇气，我现在还处于勇气值为零的阶段。除了冲动，想必我亲爱的朋友们，也经历过无数思想斗争，劝自己看开，人生不过如此，柴米油盐酱醋茶，命里有时终须有，命里无时莫强求，但同时又矛盾着，既不甘又期待。Dear，你正在奔赴一个未知的未来，我只能在这里揣测你的心情，并希望你们的前路少一些坎坷，多一些快乐。

“常常望，愿你决定，共我相伴活出生命。即使我来时没有爱，离别盛载满是情。祈求望，命里注定，就算几多风雨劲，准许这个我共你于今生，恋得高兴。”这是我最近最喜欢的一首歌，送给你们。听过很多情歌，努力过好这一生。带着满满的祝福，在深夜敲下了这些字，希望我的朋友们在新的人生阶段有新的收获。

如果我不喜欢你，你的一切都与我无关

你瘦了，你饿了，你病了，你撒娇，你卖萌，你扣子掉了，你衣服脏了，你发型换了，你走上人生巅峰，你落入事业低谷……如果我不喜欢你了，这一切都跟我无关了。

18 岁的爱情，就像火车鸣笛，长啸而过。很响亮，却没有留下痕迹。从前还没有智能手机，喜欢你的时候，我会每天晚上大半夜还拿着手机跟你聊天；我会在听说你要走时，哭着祝你一路顺风；我会每天都在等你说我懂你，这个世界上没有谁配不上谁；我会一遍遍在火柴屏手机上，看你写的零星那几篇日记与心情；我会花了一个夏天没日没夜地为你写故事，希望有一天你能看到；我会强迫症似的每天给你的 IM 写几条留言，期待你的头像再度亮起。当我喜欢你时，我可以陪你聊天，听你抱怨，跟你喝酒，为你煮菜，卖萌耍赖，都觉得你可爱至极。当我不再喜欢你，我什么都不能为你做了，而你也终将成为我最熟悉的陌生人。这不是悲伤的故事，这是每个人都可能经历的人生的插曲。喜欢一个人时，付出再多的努力都是幸福的，甚至自己都被自己感动了。但即便如此，你还是没有选择和我在一起。

如今我不喜欢你了，我不再在日历里记录今天是我们相识的第几天；我不再把你对我的片刻温柔，都写在各种 SNS 动态里；我不再时刻坐立不安错觉手机弹出通知，心想是不是你跟我说了什么；我不再为了你与别的姑娘聊天吃饭看电影谈恋爱而心烦意乱；我不再会为了你而抛下朋友，为了你让他们怀疑起我们的友情；我不再热情地为你的每一条朋友圈动态点赞，连多看几眼的耐心都没有；我不再是那个爱你崇拜你依赖你，看到你就激动到无法做自己的小姑娘。

丧 失

如今我 25 岁了，苹果手机都已经到第 N 代了，虽然时代变了，而喜欢你的方式没有变，只是记录的方式变了。这两段其实是不同时期的心情，中间相隔了 7 年之久，时代在变，连诺基亚这个巨头都无情地被时代抛弃了。但喜欢一个人的心情，却始终都是一样的，紧张，激动，小鹿乱撞。细心点就会发现，我的生活已经从纸，功能手机，空间，转移到网络，智能手机，微信。还记得从前连用手机拍张照片都是奢侈，现在手机照相功能如此发达，看到美景却也懒得拍。

我还是那个我，只是心不再如昨。

世界那么大，你也曾经放弃别人，被别人放弃。你走的时候我都没有留你，选择和谁一起度过余生是你的权利。以下各个片段，搜集自身边朋友与网友。

偶然的原因认识了一个男生，得知他在用 Facebook，发挥聪明才智，动用搜索技能，偷偷翻墙找到了他，只想看看他最近说了什么，主页上没有写交往信息，心中窃喜。但在浏览时，发现留言里有一个经常与他互动的女生，怀着一颗八卦心点过去，她的主页显示，她和他正在稳定交往中，原来那是他的女朋友！内心的热情瞬间被浇灭了，那时已经午夜一点。如果我不会搜索，结果会不会不一样？屁咧。

——K 小姐

一开始是他约我，吃饭聊天看电影。他对女生心理有所把握，细腻周到，我觉得我真是 lucky，终于等到了一个好男生。我花了大半年时间关注他，为了他改变自己，以为找到了这个世界上最懂我的人。可世事的美好都是我想象，直到后来我才发现，我在他眼中不过是个傻子，他对我也是不冷不热，而且他有女朋友，而且更不缺女朋友。更让人心酸的是，他竟为了几句话与我翻脸，虽然最后妥协和好，但我知道他在我心中已经沦为路人了。

——R 小姐

他经常会跟我聊天，送我一些小东西。很久以前我告诉他我喜欢海，他为这特地安排了一次集体海边旅行，他是聪明且温柔的男生，知道如何把握分寸。每次我们发生争论时，一定要跟我论逻辑分黑白，告诉我攻击性太强并不是好事，我很容易被他说的话刺激，话中也带刺。我说去看他，去找他玩，每次都会食言，直到他不再搭理我。我想他最终决定放弃我这样的女生了，可是他到底有没有喜欢过我呢。

永远不回头

——J 小姐

放弃好像是一件自然而然的事情，他始终都没有自信迈出向我表白的那一步。我跟他聊了一年，总体上来说他并不是特别优秀的男生，比较木讷，技术宅一个。虽然朋友们都觉得他怂，但对我没什么影响，我觉得他们都没有真的去了解他。我给他送过东西，跟他一起吃过饭，但始终都是朋友。考虑到他最终可能离开这个城市，我对他的欣赏不足以支撑我放弃这个城市的生活。他的内心住着自卑的小孩，即便我对他好，他也没有勇气来跟我告白，听人转述，他觉得我不会喜欢他。是心疼还是无奈，我也说不清楚。后来他告诉我他找了一个女朋友，在老家，准备结婚。目前他还在这个城市奋斗着，我们却不大联系了。哦天，不知道是他作还是我作。

——A 小姐

在什么情况下决定放弃某个人？喜欢有千万种理由，不喜欢的理由只有一个，就是不喜欢！你知道吗，爱情就像放风筝，时不时需要拉一拉，才能飞得更远，一旦它飞走了，你想再挽回，除非你会飞。从自己手里逃走的爱情，不管怎么拼命追逐都追不上。至于在手中的，一定要抓紧，但有一个悖论，在手中的不一定是自己最喜欢的，可能是鸡肋。我这样说某些姑娘可能会伤心，但我说的是大实话。男生说谎只有一个理由，就是你们这些女孩爱听谎话。我的女神就是飞走了的风筝，飞走的总是最令人怀念的，放弃成了必然。我只能给自己灌点心灵鸡汤，珍惜眼前人。大家都是这么做的。

——Z 先生

这世间的故事何其相似啊！

单身和结婚之于我们是什么

我很怕，遇到一个人，他抱着结婚的目的跟我交往，心里觉得这姑娘还凑合，他并不那么喜欢我外表，不欣赏我的工作，不尊重我的生活，但他还是权衡利弊决定要和我结婚。我并不怕孤单一个人，但是我怕这种凑合。我怕结婚后发现原来这个人并不是发自内心地爱我，尊重我。他只是从他的立场出发，做出了一个相对明智的选择。

单身和结婚之于我就是两种状态。状态发生了改变，生活也会随之发生改变。今天展开讨论的前提是有选择的情况下，单身和结婚对于我们来说意味着什么。

单身并不是什么不好的事，单身是自由意志的选择，不杀人不放火，并没有威胁公众利益，但年纪大了不结婚，却有形无形中受到歧视。我们在追求文化、生活多元化之时，为什么不能在两性关系上接受多元化的思维呢？有个外国人曾经问过，为什么我的中国同事永远在跟我讨论车子、房子、孩子的事，我一直都插不上话，我的哥哥跟他的伴侣在一起9年了，孩子都生了3个，但他们还是没有结婚，一样很幸福。说着说着他从口袋里掏出了一本英文版的《冰与火之歌》，津津有味地看了起来。他的疑问，不仅表现出了中西文化差异，更体现出他们对于家庭这个概念并不是完全通过婚姻来确立的。不是每个人都对婚姻保有无限的期待，在社会环境的允许下，不结婚也可能维护一段稳定的关系。

而我们呢，不结婚孩子很难上户口，身份，读书都成了问题。选择单身，在国内反而困难重重，更需要获得理解。单身的理由有千万种，遇不到合适的，始终是最重要的一条。如果有人不愿意妥协，为何就要获得异样的眼光？

到一定年纪，爸妈就会通知我们，现在已经到了结婚的年纪。有段子手说，父母不准我们在高中和大学谈恋爱，大学毕业就希望我们马上结婚，父母都是怎么想的。可笑的是这确实是现实生活中存在的。中式家庭里，父母对子女倾注的爱似乎是无止境的，他们并不觉得孩子的人生也是独立的，他们不满足只参与孩子人生的一部分，甚至还希望成为主导者。他们害怕别人说自己的孩子不一样，怕别人说孩子没事业，没家庭，年纪大了不结婚，是不是有什么问题。父母在攀比这件事上从来都没有停止过，从念书到生娃，他们都投入了极大的热情。而有时，他们并不清楚婚姻对我们来说意味着什么。我怕传统观念通过大家庭带给年轻人的压力，让我们过早地放弃追求事业和梦想，尤其是女生。家庭这个概念，在中国传统观念上来说，并不是一个轻松的话题。社会是靠家庭来维系的，而观念是很难改变的。我一直希望父母能不要把所有的期待都强加在孩子身上，只要不涉及威胁社会公众利益，可以给孩子更多的空间。

那婚姻对我们来说又意味着什么呢？这是一个复杂的命题。在美剧《纸牌屋》里，Claire 回忆 Frank 向她求婚时，Frank 说："如果你只想要幸福，那就拒绝我吧。我不会跟你生一堆孩子，然后数着日子退休。我保证你免受这些痛苦，也永远不会无聊。" Claire 对 Frank 的评价则是："他很特别，很多人向我求婚，但他是唯一一个懂我的，他没把我看作什么女神，也知道我不

热闹与寂寞

想被崇拜或者溺爱，于是他拉起了我的手，为我戴上了戒指。因为他知道我会答应的，他是那种永远知道如何得到他想要东西的人。”为了共同利益而生的婚姻，并不可耻。权衡过利弊的婚姻，并不是最坏的情况，至少是思考过当下与未来的，比不负责任莫名其妙就结婚了好太多。双方若达成共识，一拍即合，倒也不是什么大问题。怕就怕两个人并不能和平相处，为了各自的利益争吵不休。在台面上就把婚姻当作一个稳固的后方，双方都必须很独立，清楚自己的边界在哪里。当然美剧里主角是政客，角色设定比较极端，也比较理想，在现实生活中，我们很难遇到这样的对象，可能也根本处理不好。

我始终相信一段好的婚姻，其终极的意义在于让彼此成为更好的人。之前看过 BBC 的一部纪录片，讲述了若干个人从 7 岁到 56 岁的成长经历，在这些人的生活中，婚姻扮演了非常重要的角色。7 岁时候，出身比较贫穷的小男生，小眼神里全是对未来的迷茫，说长大后不娶媳妇，不喜欢吃蔬菜，不想让她逼自己吃不喜欢吃的东西。长大后遇到了乐观开朗的妻子，生活似乎也没有那么苦涩了。反而有几个姑娘，小时候活泼可爱，因为不顺的婚姻和悲观的性格，最后生活得比较惨淡。那些无法在婚姻中做出妥协的人，离了婚后，也可能遇到下一个真爱。在视频中，中年遇到的妻子，看他的眼神，跟前妻的冷漠形成鲜明的对比。而个别志趣相投的夫妻，在老年时干脆组建了业余乐队，整日欢乐地歌唱。

婚姻生活是因人而异的，最终陪你走进婚姻殿堂的很大可能不是你曾经发誓非他不嫁，非她不娶的人。在一段婚姻关系中，依赖与独立是共生的。最近看到有人给出了两个人的关系模型，"依赖—依赖"，"独立—独立"，"互赖—互赖"。其中一人对另外一个人是完全依赖的状态，出了什么事情，都只希望对方给自己收拾残局的，恐怕是最危险的状态。而彼此独立则会造成关系的相对松散，当好朋友可能是更好的状态。而彼此之间都能担当，相互依赖又独立，这当然是最好的状态。

而我们应该感谢社会的进步，在单身和婚姻之间，还有一个恋爱的状态，还有选择的权利。不像过去男女之间没见过面就要结婚，还不能离婚，那就只能听天由命了。好的婚姻不是逼出来的，幸福更不是。

我的感慨都是哪里来的，脑洞太大了……

聪明男人不喜欢王姑娘

我是看金庸的武侠电视剧长大的，很遗憾，也很惭愧，我没怎么看过原著。小时候买不起原著啊，也不知道在哪里可以买到，长大后整个人就是一个懒，外加功利性地读书，不知道看武侠有什么好，于是就错过了金庸先生的原著，只草草看了一丢丢。

在我印象中，小时候家里是能收到翡翠台的，后来这个台才不见了。我一直都不知道这个记忆是否正确，如今已经没法再回去追溯。儿时从武侠片里得到的乐趣，至今都难以言明。国仇家恨，爱恨情仇，最早都是从武侠剧里习得的。每一部片子里几乎都有一个奇女子，还有一个痴情的种，然而这种爱情终究只存在于电视剧中。

说起金庸先生的作品，除了爱讨论各路千奇百怪的招式，男女之情是另外一个重要的议题。而讨论最多的，大概是各自喜欢哪个女主角，哪个男主角。鉴于金庸先生笔下美女众多，妖女如云，在讨论聪明男人喜欢怎样的女人这个议题时，我们不妨就借此来谈一谈，但我并不是想得出什么结论，可能有人要骂我标题党了。我们都知道，女人都喜欢聪明男人，说不喜欢聪明男人的都是假的。你可能会说黄蓉怎么就喜欢郭靖那个傻小子呢？我一直觉得郭靖不傻，至少他是学霸型的人物，谁谁给他传授武功，都能学成出师，这样的人在智商上应该一点都不傻，再加上人品正直，钟情黄蓉，不为荣华富贵放弃爱情，这样的男人在现实中遇到也应该是很抢手的。

那聪明男人喜欢怎样的女人呢？之所以一直纠结这个问题，是因为前几天看网上一篇文章，某张姓公子谈到他一点都不喜欢王语嫣王姑娘，而是喜欢集神秘、惊艳、痴情于一身的木婉清。这个结论的前半部分竟让我相当惊讶。在我以前的观念里，这位王姑娘能背下那么多武功秘籍，对表哥又是那般痴情，能为其投井自尽，应该很多人喜欢才对。想不到还会有人嫌她情商低，不谙世事，仗着自己记忆好不看场合帮衬表哥，导致他各种丢脸，一天到晚腻着表哥非他不嫁活像一个拖油瓶，最后还改变心意跟着段誉好了。虽然不至于太喜欢她，但也不至于讨厌，刷新三观的言论总是令我印象深刻。

原来聪明如某些人，是不喜欢王姑娘的。王姑娘的表哥也不喜欢王姑娘，嫌她麻烦、啰嗦，甚至还逼她去死。对于追求复国的慕容复来说，王姑娘不过是一个棋子，如果有更大的利益放在他面前，他一定会放弃她。而一心只想着跟表哥在一起，却没有发觉他内心真正渴求的王姑娘，也只能被当作一块绊脚石挪开吧。只有段誉那个傻乎乎的人，才会在山洞里看到一个石像，就以为遇到了此生魂牵梦萦的女神。有些情愫很微妙，可能在某一瞬间就被激发出来了。

虽然也有人说最后金庸先生改编了作品，还是没让王语嫣和段誉在一起，因为天龙八部的主题是求不得，没看过原著先不做评述。不过，幸好读者被金庸先生虐得不行，至少我看的电视剧他们是在一起了，不然段誉这个优质备胎，这么修炼都没有正果，这是有多惨多窝囊啊！每个人的爱情道路都是孤独，直到出现了那个回应你的人。

现实中女人没那么神奇，男人也没那么痴情。聪明男人不喜欢王姑娘，自有优质备胎来当接盘侠。到底王姑娘与段誉是不是真爱呢？信则有，不信则无。

总之那几年你们两个没有缘

小时候我无法体会“睹物思人”这个成语的意思。现如今看到一些东西，我突然就有了回想过往的能力。时间秉持着它的公正，带给人们纯真的快乐，同时还有刻骨的伤痛。我曾以为那些快乐足以支撑我走完艰难困苦的人生，我也以为那些伤痛这一辈子都无法治愈，而时间最终又把这一切化为了柔软的记忆，快乐和伤痛统统都会被遗忘。

倔强的我们拼了命保持了相忘江湖的距离，等到走远时，当我们回想往事，发现他们并没有那么讨厌。我所承受的痛苦也不过如此，彼此都算不上什么伟大的人，自己没做什么，为何要求对方那么多？等我想明白的时候已经晚了，时间拉扯着我们，让你我再也走不回彼此的世界。即便现在我懂了，即便多年以后我能会心一笑，但我依然会选择离开。这像是一个仪式，不仅是跟对方，更像是与过去的自己告别。

他是一个送你礼物却未曾开口的男人。

他是一个许你诺言却未能实现的男人。

他是一个给你怀抱却无法结婚的男人。

回　望

她是一个为你心动却不懂你心的女人。

她是一个温柔美丽却急功近利的女人。

她是一个坚强勇敢却不够温柔的女人。

也许大家都遇到过这样的人，是的，最终没能和他在一起。在不短不长的一生里，人们一直在相互选择，这是我们生而为人的自由。有心灵鸡汤专家说，人无法选择出生，但能选择未来的家人，而且这是最值得好好把握的。乍一听果然很鸡汤，但也有一定道理。每个人对爱情，对婚姻的考量都不一样，从前相爱的理由可能是日后分开的借口，人们经过权衡做出了自以为最好的决定。这个道理过去的我不懂，我不能理解人为何如此善变、自私、懦弱、任性，后来才发现别人有的缺点我也有，不过是站在不同的人生阶段，面对不同的人有不同的表现。

以前听一位朋友说起他花了5年时间追一个女生，每次表白都会被拒绝，到第六年他终于准备放弃了。我们都说他傻，再不放弃就是大傻瓜，他说这都快成习惯了，姑娘也没有避而不见，只是拒绝。故事的后来他还是未能成功，他说终于到了要放弃的时候，心里还是那么不是滋味。这种滋味难以名状，所有的单恋，都更像自己与自己谈恋爱。如今的他们已有各自安定的小窝，他还会记起她年轻时的容颜，但这份感情注定只能埋葬在青春的坟墓中。

我不喜欢因为失去爱情就要死要活的人，曾经我的一位朋友就是如此，失恋后就每天在叫唤痛苦、难受，再怎么挽回都无济于事，她也不想继续跟他做朋友。他的世界仿佛真的如天塌下来一般，他每碰到一个人就说一遍自己的痛苦，我真怀疑到后来他是否真的心痛，越是这样越让人觉得反感。我不大喜欢跟这种人来往，再后来听说他悄悄地跟另外一个姑娘结了婚，也没有通知我等不相干的人。我心中的理想爱情，一定是让双方都越来越好，如果因为一段感情变成怨妇，我想这种爱情本身就存在问题。不能在一起了，就把心头的怨气都放下，每个人都有选择追逐幸福的权利，大度地放手还更有尊严一些。

也有人说不在一起还是可以做朋友，不要放弃爱过的人，留着做朋友多好，到哪里找那么了解彼此的人呢，节省成本、简单粗暴。这年头要了解一个人，需要耗费的时间精力太多了。虽然从经济学角度来说，与前任做朋友没什么不好，但我接触的大多数人，如果恋爱最终未果，都没能保持很好的朋友关系，即便偶尔联系但也不能像从前那样热络了。不管是外力还是内心，裂痕出现了，导致了不好的结果，这道伤疤是很难治愈的。和平分手那也是分手了，既然有了隔阂，当下就勇敢放弃。但如果每一个人都能理性地对待感情，也很难说这个世界会不会更美好。

时间让过去时光变得遥不可及，叛逆少年变得理性成熟，但且把理性交给未来，当下要恨，要生气，要一辈子都不做朋友，就任性着来！如果我爱你，请也让我成为你最好的朋友；如果不爱了，那我们还是回到各自的生活，如实在有缘又相遇，就让我们点头示意，微笑再见。

那你有没有想过，可能一辈子寻找不到真爱，或者永远等不到合适的那个人出现？我看了很多人的答案，对其中两个留下了深刻的印象。如果你愿意凑合，那就找个愿意跟你凑合的人，但千万别无故拉低一个人的生活质量，阻碍别人去寻找真爱。另外一个，我一直觉得在我应该恋爱结婚生子的时候，那个人会自然而然地出现，如果没有出现我愿意一直等待，并且，我等到他了。

前一个答案，直指惨淡的现实，每一段将就换来的婚姻，背后至少都有一颗受伤的心，也有可能是两败俱伤。有人是为了完成父母长辈的期待，有人是自以为错过了真爱，与谁在一起都无所谓，综合现实的各种压力，就这么将就了，幸运的人能将就一辈子，不幸的也许没几天就离婚。会不会突然发现，自己已经背上了一个重重的壳，没有甜蜜只有负担。更悲剧的是被拖累的那个人，莫名其妙就上了贼船，却到不了终点。难道每一个将就的人心中都有一个不可能的人？我窃以为是此人心理建设不够，不知进退。这样的人很惨也很矫情，就像某女作家写的，遇到你竟花光我所有的运气，呜呼哀哉。但这也不能成为拖人下水的理由。现实累积的无奈，你我都只能默默领受，而人生何其短，青春尤其短，怎舍得随意将就打发？

后一个答案是关于等待，有人说幸福不能靠等，要靠争取。年少或无知或轻狂，总归要错过那么几个也许能跟自己走一辈子的人。在最合适的时间遇到合适的人，一见倾心，相见恨晚，这样的节奏最让人羡慕。偶尔脑子里也会闪过一个念头，如果一直称兄道弟的哥们儿迈入婚姻殿堂，我的内心会不会有千万头草泥马奔腾而过。而见证过之后才明白一个道理，总之那些年我们没有缘。想起电影《那些年，我们一起追的女孩》，最后柯景腾参加沈佳宜婚礼的那一幕，那个恶搞的男男 kiss，给各自的青春画上了一个残缺不全的句号。谁的人生没有遗憾呢？

偶尔听人讲起以前的事，她曾有个好哥们儿，好到可以安心坐在他的房间里待上一整天，接受他的各种照顾，多年以后才明白当年懵懂的他们错过了彼此。九把刀应该出一个姊妹篇，题目我都想好了，叫那些年我们错过的哥们儿。我问一个朋友，从小到大那么多人追，为什么就看不上一个。她说，并不是看不上，只是当时年纪太小，没想明白，现在想想挺后悔的，但也来不及了。我不知道这个世界有多少人在将就，但真切知道找个相爱又合适的人有多难。人世间的爱情故事何其相似，但个体从中学不到太多经验，正因为如此，才有了各种爱恨情仇。

时代在变，人们对爱情的观念也发生了变化。从前一个人以捍卫家庭为荣，以离婚为耻，为了不让家庭破裂，宁愿忍气吞声，忍辱负重。如今人们以追求自我实现和幸福为己任，遇到了真爱果断要离婚，不管是否后悔都是自己的事情。我并不鼓励其中任何一种，一千个人，就有一千种爱情。它究竟是个什么模样，也许没有人能说清楚。孰是孰非，也不能分出个对错，清官难断家务事，说的就是这个理。婚姻终归是一纸凭证啊，总之那几年你们两个没有缘。

也许激情终归有退去的一天，但经年累月积攒的幸福与陪伴，是两个人最珍贵的财富吧！祈祷上天能够眷顾那些一直相信真爱的人。

当我们在说情人节时我们在谈论什么

我并不讨厌情人节的本质。表达爱的机会，再多也不嫌多。大多数人的日常，奔波忙碌于职场，常常忽略去表达爱。基于这个国度的含蓄与羞怯，是需要一些看似“官方”的理由，才能让人们勇敢把爱说出来。对于一切晒幸福的人，我丝毫没有恶意，我只是非常讨厌情人节的形式。

在电商大行其道的今天，任何节日都失去了原本的面貌。商家的喧嚣，媒体的炒作，社交网络铺天盖地的晒幸福，给我们普通人造成了无形压力。好像不在情人节约个会，看个电影，吃个晚餐，就是一种罪，就是大 loser。为何在这个时间，久不联系的人都会突然冒出来问一句，有对象了么，再来说一句加油。别逼我说脏话。我不是恶意地去揣测人家的关心，只是反感这个行为，恋不恋，跟谁恋，都是鄙人的自由。我自然是不会回脏话的，礼貌回复一句，谢谢，终结话题。

女人借这个机会炫耀，男人借这个机会泡妞，商人借这个机会赚钱。说句题外话，人越来越像牵线木偶了，必须恋爱约会，结婚生子，随波逐流。更可气的是电商不仅利用情人节赚钱，还硬生生制造出各种宠爱节，520 节，表白节……单身的不需要有情人，只要上对了网，情人节每天都过。

一对情侣

但是，每年的情人节，都跟去年、前年、大前年的一样！除非你身边的人换了！依旧有人大晒特晒贵重礼物，有人感伤单身狗只能一个人过，有人去民政局取了一纸婚书，还有人压根不知道这个节口。岁岁年年进行时，如光底下无新事。止当单身狗假装忙碌消灭内心的寂寞时，旁人又何必苦苦追问，在伤口上撒盐？文明社会本应当对个人选择持更宽容的态度。没有情人不是罪，没有谁规定一定要过这个已经面目全非的节。

从前，我们还年少，我们怀着一颗小鹿乱撞的心迎接情人节，而今这颗心却被商家伤得片甲不留，少了几分小心翼翼。电商策划们此刻不出手，更待何时，以至于不少人的情人节活动就是守在了电脑前，等待秒杀的那一刻。秉承消费主义至上原则，电商们把情人节送礼风气推至最高峰！买买买，成了情人节最响亮的口号。酒店业务在这个日子就更不用说了，不知道单身狗是否听过一首歌叫《愿天下的情侣都是失散多年的兄妹》，这首民谣歌词非常写实，把快捷酒店都说了个遍，没花钱就植入硬广了。人们过的不是情人节，是寂寞。

电商明显无法排遣所有人的寂寞，如今社交网络大行其道，为网络爱情故事铺下了温床。网络不仅给人们展示了物质的丰饶，抄袭的便利，更为人们交友提供极大的便利。这座国际化大都市里有无数染缸，每个染缸里都聚集了类似的人。他们或陶醉，或痛苦，或无知觉。

基于网络建立的情感并不缺乏真挚，只是多了些速食主义，人太容易有更多选择，反而变得轻率与随意。一个无关紧要的理由，人们就可以放弃，删掉一个人的全部信息。乍一听有点搞笑，人可以随手删掉了一个本来与自己有千丝万缕联系的人。那么多心理学家在专业研究幸福学，两性关系，化学物质，而人与人之间的关系始终是千变万化，琢磨不透的。可能上一秒还是知心爱人，下一秒就是不共戴天的仇人。有些人甚至刻意选择在情人节那一天分手，这是一种病，得治。在感情上我不是人生赢家，我写过乱七八糟的爱情故事，却无法尽述这世间的爱恨情仇。

偶然看到木心的一首诗，这会儿我想念给你听。

从前慢

记得早先少年时
大家诚诚恳恳
说一句 是一句
清早上火车站
长街黑暗无行人
卖豆浆的小店冒着热气
从前的日色变得慢
车，马，邮件都慢
一生只够爱一个人
从前的锁也好看
钥匙精美有样子
你锁了 人家就懂了

万水千山总是情

今生为家人，注定会有千丝万缕的联系。写或不写，故事就在那里，都会随着人的老去而渐被遗忘。不是刻意为他们而写，只是留点记忆。我对小学以前的记忆为空，脑海中只留存着一些莫名的场景，说不清是现实还是梦境。我记得，外婆家附近有一块空地，附近有一间荒废的石砌的房子，几个小朋友在玩耍。有一段时间，总是梦到相似的场景，不知道是不是现实记忆的强化。所有关于儿时的事情，都是由大人们转述。

根据大人们转述，因为农村根深蒂固的重男轻女观念，作为第二个女儿，我差点就被外地人家收养了。妈妈在湖北生下了我，家里长辈重男轻女，就让爸妈把我丢给当地人抚养。妈妈说，当时一段时间，她和爸爸确实都回浙江了，可是心里舍不下我，打算回去把我领回来。正准备去的时候，外婆已经把我从湖北领回来了。因为记忆的缺失，我并没有感受到无助与悲惨，只是每每谈到此，我就对外婆充满了感激。

现在浙江到湖北很方便，飞机火车没多久就到了，但当时不是这样，中途需要各种交通工具的周转，还要坐船。外婆是一个不识字的农村妇女，连时间也看不懂，当时却能为了我千里迢迢跑了个来回。她说带着我时，最难解决的就是上厕所问题，当时可没有那么多公厕，憋不住了当街就找个角落。我回来后就一直住在外婆家，因为这件事两家长辈吵了个底朝天。

听外婆说，那会儿计生委来查人口，看到我站在门口，就问我爸爸是谁。我那时已经会讲话了，他问我就答了。这一答又给外婆惹下了麻烦，因为超生要罚款，当时没有钱交罚款，不知道是外婆还是外公被抓去关了一夜。妈妈常常说起这事，总是不忘念叨外婆对我的好。妈妈和奶奶的婆媳战争后来矛盾大爆发，我对奶奶也很生分，她没有在我的成长过程中留下什么记忆。我只窥见了一个时代背景下的大家庭的纷争。从小我便见识到农村的一个大家庭里，各种角色关系表面平和，却会因利益分配不均轻易被打破。家庭只是社会一个很小的映射。物质条件慢慢丰富了，人心却不古了。

我渐渐长大，才发现外婆对我特别好。可能是我小时候差点惨遭抛弃，外婆又辗转把我弄回来的经历，让外婆对我产生了更多怜惜。对于这件事我是浑然没有记忆，听到了就在一旁咯咯傻笑。我一直感念外婆这一生历经苦难艰辛，前半辈子因为儿女成群需要吃饭，辛苦奔波劳作，后半辈子因为外公酗酒，婆媳关系，积蓄在心里的苦无人懂。外婆年纪虽大，但心里跟明镜一般，她说不指望儿女花时间在自己身上。我每次回去都会跟她聊天，操心到老，似乎是这个时代农村老人无法摆脱的命运。我常常跟她开玩笑，养那么多孩子有什么用呢，到老了所有的事还是得自己承受。外婆七十几岁了，有次回家，她说要去买想吃的东西。我立马说，对啊，就应该这样，想吃什么买什么。年纪大了，她常念叨也没几年了，懒得介意别人说什么，我知道她心里苦，但无法分担。我对着外婆苦笑了一下，眼泪都要飙出来了。她跟我谈起家里的一些事情，我感到无奈却无法为她做什么，只能劝她什么都看开一些。

有一年外婆和妈妈的眼睛都出了点毛病，做了小手术。我忙得有点不记事，隔了好几天才打了一个电话，我说不是故意忘记，还是姐姐好。爸爸常夸姐姐是个好女儿，无论发生什么事，她总是能陪在身边，尽心尽力照顾。外婆有什么事，她也会赶过去。我做不到像姐姐一样，因为工作的关系，我只能偶尔才出现在家人身边。妈妈也开始依赖我们，一周没收到电话就会给我打，她说最放心的一直是我，我笑笑不接话茬，我知道他们表面这么说，内心还是担心我一个人。

我的眼睛经常被夸，基因来自于外婆和妈妈，曾经如此漂亮的眼睛，到老了也开始变得浑浊。从我记事起，外婆就说眼睛看不清，那时应该是近视，但是她做起事来还是很利索。我念小学时眼睛就近视了，每次站在门口，妈妈总是说，我看得见遥远马路那边广告牌的字，你看得见不？我扶了扶眼镜，说看不清，妈妈就会鄙视我。邻居阿公曾跟我妈妈打赌说我不会近视的，因为我的眼睛很大很水灵，事实证明他缺少科学论据。再怎么漂亮，也经不住时间的风雨啊。

说到家，我总会想起在外漂泊的人。多年前我曾在小本子上抄过这句话，多年后这句话突然红透网络：在这个世界上，千万别错过两样东西，一个深爱你的人，与最后一班回家的车。可见时光过去 10 多年，漂泊的人对于家给予的安全感始终都满怀期待。也许那个深爱你的人，不一定是你深爱的人，而家里的大门却始终会向你敞开。感情是不可以勉强的，可能也会散，而家是一个人内心永恒的归属。最后一班回家的车，让我这个在异乡生活的人有更深的共鸣。从前，每次回家都要计算好最后一班回家的车，现在打车方便了倒没有这个困扰了，但我常常会想起小时候坐最后一班车回家的场景。离家的日子久了，久到连回家的车都觉得陌生。

尽管我知道陪伴很重要，我也一直在强调每个人都有各自的人生，不要把自己的意志强加在别人身上，但我要请父母理解，我不能遵从他们的意愿，回到老家结婚生子，这是我个人做出的选择。如今我已经习惯了大城市给予的相对自由而宽松的生活，我更珍惜因独立而得到的一切。独立，意味着与原生家庭保持一定的距离，我并不是鼓动你不听父母的话，也不是让你一直打拼家门都不入，而是告诉你如何做一个真正独立的人。我认识的一些年轻人，从未离开过父母身边，沾染一身陋习，闯了祸总让父母收拾残局还不知道感恩，以为自己是宇宙的中心。他们从来不知道什么是责任，也没有任何独立的意识，他们甚至还怪自己没有生在一个更好的家庭。在农村，人到了一定年纪，就会被大家庭各人的意见所牵绊，父母会来要求你过怎样的人生，三姑六婆也会来说道为何不找份安稳的工作，嫁个老实的人。在他们眼中，能做到这样，就算履行了一个女生这一生应尽的责任。而他们不明白，在经过那么多个孤独的日日夜夜后，他们的小女儿已经跟从前不一样了。

小时候，爸妈经常说我脾气不好，一到家里就耍脾气，还很懒惰，不爱做家务。妈妈念叨我时，我也不还嘴，自己憋着一肚子气，关起门躲起来，哭上一通。我小时候不喜欢在爸妈面前哭，但自己却有一颗玻璃心。反倒长大以后，有时候会忍不住，考试考得很烂，一打电话给爸妈就哽咽，妈妈就安慰我，下次再考咯。人生最重要一次考试是高考，成绩出来后，爸妈还来安慰我。到一定年纪，父母为儿女考虑最多的就是婚姻问题，爸妈有时会担心姐姐在婆家受委屈，嘱咐姐姐凡事要忍让，如果实在让不过去也别委屈自己。他们总觉得我是个厉害的主儿，不大有人能欺负到我头上，而姐姐不是。以前我经常说，遇不到喜欢的人就不结婚了，赖在家里了，嫁个不好的还不如不嫁。妈妈就来问，什么是好的什么是坏的，毕竟还是好的多。妈妈经常给我打电话，每次也不厌其烦地问我这那，她开心地说买了新手机，以后可以给她打电话了。他们的牵挂，除了孩子，没有更多的了。

许巍有首歌里有这么句歌词：没有什么能够阻挡，我对自由的向往。虽然有时我不知道自由的方向，但我仍然坚持朝一个地方飞去。原生家庭，父母给了我生命，给了我了解这个世界的机会和勇气，我最本真的性格都源于父母，父亲的厚道，母亲的乐观，会影响我一生。我经常会想起父母对我的好，有一次跟姐姐聊天，她说以前父母更偏爱我。而我却在她嫁人那天，看到了父母发自内心的高兴。姐姐跟姐夫如果吵架，母亲也会支持姐姐的选择，并不在意是否离婚，我一边惊讶于老妈怎么思想这么开明，一边感慨父母才是世界上最爱你的人。而有一个残酷的现实，他们却无法代替我们成长。我知道我必须独立成长，我终究会像一只翅膀硬了的小鸟，从他们的保护中飞到更远更美的地方去。而最后一班回家的车，我应该不会忘记。

说实话，我不喜欢中国深重的家庭观念，在这层关系里，我看不到幸福。健全农村的医疗保险制度，是让人们摆脱养儿防老的第一步。我觉得人不能把希望都寄托在孩子身上，不管是无法实现的理想，还是日常生活的陪伴。生而为人，要过的是自己的人生。我不是说不要孝顺父母，在中国的大环境下，父母为儿女付出超乎你的想象，现在的年轻人动不动就拿父母出来说事，谈个恋爱，出个门也会因为父母不同意而放弃。这样真的是我们要的吗？

在知乎上看到一个问题，大意是，在外奋斗，家里的老人怎么办？我只能尽力做好我能做到的一切。老板开玩笑说过，公司有个同事，做什么事都在为他儿子考虑，但他没意识到，老了时候陪在身边的肯定不是儿子，而是我！老板不愧是老板，心如明镜。中秋前夕写下这篇文章，我突然想起唯一一次有印象的中秋节，是跟爸妈与邻居在院子里看月亮，聊天，瞎扯，那年我还很小，我一边听爸妈与隔壁伯伯兴高采烈地讲着年轻时候的事情，一边在小院子里跳来跳去。那样的日子，真的永远一去不返了。但我知道，万水千山总是情，跟我们在哪里没有关系。

铁打的闺密，流水的秘密

去一个地方，就会留下一个地方的味道。比如去一个羊蝎子火锅店，满身都会留下浓重的香辣味；比如，经过一个女人身边，她身上飘来的是香水的味道。接触一个人，同样会留下一点类似的味道，那是他们对我的影响。当他们在我身边时，可能完全感觉不到这样的存在，直到他们离开了，我们突然发现，生活中到处都有他们的影子，他们在默默地影响着我的为人处事。不一定是恋人，可能是普通朋友，还可能是陌生人。而闺密，就是那些会对你产生巨大影响的人。

女人的友谊跟男人恐怕有些不一样，是靠时间和秘密维持的。女人怕孤单，怕没有安全感，而这些压力需要舒缓，找闺密八卦，购物，都是舒缓的渠道。哪个上司阴险狡诈欺负自己，哪个男人朝三暮四出轨了，哪个婆婆尖酸刻薄为难媳妇，这些话题都是女人友谊的支撑。每个女人都会有几个被称之为闺密的特别的人，她们在每一个特定的人生阶段，潜移默化地影响着自己的生活。就像人们常说的，想看清一个人，看看他的朋友们就知道了。人以群分，物以类聚，臭味相投的人才会走到一起。女人的友谊真是秘密越多越坚不可摧。女人的友情和男人的不一样，建立在相互吐槽与理解之上，需要倾诉，更需要倾听，她们往往不需要分析，只需要同理心。女人之间的友情向来都很微妙。

有时当我们认识了新朋友，也不会花时间去了解对方喜欢什么，讨厌什么，因为人越大，时间成本很高，在一件事上投注的精力也越少。我们可以通过网络看到他的博客、照片、朋友圈，大致想象出这是一个怎样的人，但我们没有这个时间。不可否认，所有遇到过的人，贯穿成了我人生的记忆。而人际关系是变化的，终究会散的，即便是闺密，也会选择不同的人生道路，有的回归家庭，有的事业为重，有的生娃，有的丁克。圈子的变换导致共同话题的缺失，陌生感将我们吞噬了，我们终究沿着不同的轨迹越走越远。一个人的成长方式是多样化的，能有这样一些人，见证自己的成长；也很遗憾，他们最终都是一场要散的筵席，谁都不能免俗。很多人都会感慨，曾经那么好的朋友，为何如今像陌生人，听起来伤感，但是只要多见一回，就多了一个可供回忆的那个时刻的空间。只有活着，才存在这个空间。记忆是这样一种存在，你见，它是你的，你不见，它是空的。

我曾经试图以各种各样的方式来说服自己好好经营周围的人际关系，可真有点挫败感，也不是我不用心，只是人生苦短，生活中已有太多不得已，我更期待顺其自然、偶然拾得的欢喜。

我想起念小学时遇到的闺密，在失联多年后，她回复了我给她写的一封信，她画了一只鸭子给我，这是她小学时的外号，但后来我们基本上没有再见过面。初中在学习上一直是竞争关系的女生，大学时成了好友，我想起她为了帮我送一件东西，坐公交横穿大杭州，每次我遇到困难她总是尽量伸出援手。她从来不在人前暴露她的软弱，内心却很柔软。再长大点认识的闺密，联系不多却了解彼此的痛苦与快乐。有一年冬天大半夜突然接到她的电话，她在电话那头哭了整整一小时，她说大半夜冻得发抖，街上没有人，又打不到车，我在另一个城市听她哭，心想世界上怎么会有这么傻的姑娘。我想起曾经和一个姑娘去旅行，为了一点小事发生了摩擦，我径直朝一个方向走去打算不理她，她朝另一个方向走了几步后又追上了我，我突然很感动有人能原谅我的孩子气。我想起她们的一颦一笑，想起了她们在我人生中留下的美好记忆。铁打的闺密，流水的秘密。我真心希望她们都早点找到铁打的男人。

掐指一算，和有些姑娘认识的时间将近十年，在这十年之间发生了很多事。有人修成正果成了孩子的妈，有人戴着闪闪的订婚戒指，有人大变样，有人还是老样子，依然保持着爽朗的笑容与清亮的嗓门。用脚指头想想，十年能改变多少事情。不管是熟悉还是陌生，我们都有了各自的生活。能偶尔聚在一起唠嗑玩耍，就已经很难得了。闺密带着几岁的娃跟我们一起吃饭，在餐厅里手忙脚乱，我也帮不上忙。都说大学以后人与人之间就很容易看出差距，我们的距离，从上下铺到天涯海角，变得越来越抽象，讨论的话题也越发老套，结婚工作房车慢慢取代了青春的追求。不过每当我再次见到他们，还是能感受到学生时代的生活真实而美妙。我依然记得二土给我推荐的日剧和送我的书，记得莎哥在大半夜给我讲故事情节我却偷偷睡着。忘掉这些差距，只需要记得我们都是见证彼此成长的人。有时候吐槽彼此眼光太差，有时候羡慕对方突然来临的幸福。衣服换了一件又一件，甚至连男人也换过好几个，而有人却依然在身边。

这些年，春夏秋冬，她们一一陪我走过。上海的深秋已降临，太阳变得温柔，风也开始凌厉。这个城市到处都是风景，但能让我记住的并不是太多。跟闺密相处的时光，也都必须由留下的照片来提醒，虽然我们已经无法时时刻刻腻在一起，但期待我们再相遇的一天。

异地好友

异地好友不像异地恋人，需要花很大精力时刻关注对方吃了什么，做了什么，有没有想念彼此。异地好友是一种微妙的关系，不必刻意经营，不必假装热络，不必每天相见，相见却知是老友来访。

我怀着最美好的希冀，每个男孩女孩都值得美好的爱情和友情，但并不是每个人都能得到。于是，关于他们，就有了千万个故事。在我的一生中，我的异地好友扮演了重要的角色。翻翻电脑里的照片，从 2007 年我有手机起，他们就陆陆续续出现在我的生命里，不能说会到永远，但至少在历史中了。

2015 年初一，总算盼来了长假，人们总是要借机放肆地调戏一下生物钟。半夜两点我还躲在被窝里刷豆瓣，顺手更新了一条状态，突然手机里收到一个拜年红包。我打开一看是一个朋友。那一瞬间有些震惊，这位哥们儿怎么知道我还挂在网上。他说是因为睡觉前刷了一下豆瓣，看我刚刚发了一条更新，于是发个红包拜年。据他自己说应该是红星二锅头喝多了……不会喝酒的表示膜拜，最关键的是还有几块钱的红包拿。看，我们 85 后的生活方式真的发生了不可思议的变化。

说起来是巧合，我大学修的专业偏文科，班上的男丁寥寥可数。班级宣传委员组织了几次联谊活动，他便是联谊认识的，隐隐觉得打开方式有点不对。那是大学最后一次联谊活动，过了大三，分别在即，班委鼓励全员参与。我们两个班级集体到浙江的一个山沟沟里，白天玩真人 CS 游戏，户外运动，打牌，晚上是烧烤与篝火晚会。烧烤时自由安排，我和室友妹子看到一处有四个男生对面没人，就坐下了，一定程度上可以算是随机认识的，他是其中之一。下笔写朋友，最大的坏处在于我需要回忆过去，那些青涩遥远的日子令人柔软，也令人感伤。这 4 个男生现有一半以上已结婚生子，掐指一算，四五年就这样过去了。连我自己有时也还是无法直视时间的流逝。

他很高，超过 180cm 吧，瘦，结实，我常常开玩笑，我竟然认识这么高的爷们儿！除了高，记忆中的他是个沉默又诚实的男孩子。大学毕业的夏天尾巴，我们一行七个人去舟山的海边玩，不得不感慨年轻真好。景区沙滩傍晚清场，男生胆子大，带我们偷偷留下来搭帐篷，晚上一边吹海风，一边聊天嗑瓜子；后来我们住在农家，在后院搭起了简易烧烤架，男生们纷纷下厨一人做了一道菜；清晨四五点时候起床，跟着一行人走到山顶看日出，虽然是阴天，日出没看着，心情还是愉悦的。

一路上他话不多，我之所以得出他诚实的结论是因为玩杀人游戏。这游戏很多人应该都非常熟悉，主要是考验拿到杀手牌的人的撒谎与应变能力，当然还有耍无赖能力。只要他抽到杀手，这一轮游戏必然马上终结！当时我就震惊了，为什么还有完全不会说谎的人！原来他就是传说中的天黑请闭眼游戏终结者。我本来觉得我是一个不会撒谎的人，但竟然发现了比我还诚实的人。用后来的说法就是，在心里为此默默点了 32 个赞。

那次集体海边旅行的照片，安静地躺在我的电脑里。偶尔翻

晒死哥了

到卡片机拍下的沙滩日出，在旭日朝阳里跳跃的男孩女孩，我惊觉，在即将告别大学时，回想 2010 年，记忆里留下的都是细小而温暖的片段，这是时间给予我们的恩赐，是他们共同赐予我的美好记忆。除了旅行这件小事，还发生了别的故事，在此就不赘述了。

大学毕业以后，见过他几次。两次在厦门，一次在上海。我去了厦门两次，每次都如走马观花，匆匆一瞥。时隔几年，再次见到他，他没有以前那么羞涩，跟我们嘻嘻哈哈地聊着逛着。厦大，胡里山炮台，他们都知道我喜欢拍照，学艺不精但仍是爱，我让他帮忙给我们拍，也拉他来摆 pose，在景色中混入点男生的身影，毕竟远到都是客，他也就接受了我们的忽悠。厦门的一家海鲜店生意很好，要排长队等吃饭，他开始跟我们讲他在厦门的事。比如，他的新绰号；比如，厦门作为旅游城市，满眼的漂亮妹子，他们几个爷们儿在街头看妹子，琢磨着怎么跟妹子搭讪的趣事。我们本来也生在浙江的海边，也喜欢吃海鲜。为了找这家店走了很多路，当时智能机还不发达，地图软件还未能帮到我们。我们送走了脚底起泡的他，想必招待人是一件苦差事呢，原来大男人也有比我们还弱的时候。再次去厦门时又过了一两年，我跟一个朋友去厦门玩，他带着好基友跟我们聊天扯淡，吃吃喝喝，只是话题从吃喝玩乐变成了恋爱结婚。他的好基友能说会道，讲了若干年轻时的爱情故事，他坐在一边总是笑，基友情深啊。印象最深的还有他们一路合唱的厦门之歌。

有一次他来上海出差，他开玩笑说终于来到大城市了。虽然很久不联系，但我们的交流依然顺畅，说话也算有默契，笑点不一样，怎么做朋友？他来上海时我跟朋友刚好在逛街，我们把他放商场一个角落里，自顾自地又逛了一会儿，想起来还挺不厚道的。相聚总是短暂的，吃饱喝足又到了告别时间，我们在三四号线各自的站台等地铁，中间隔了地铁轨道，我拿起手机拍下了对面一张照片，然后挥手告别，他也入了镜。我们的生活就像此刻这幕场景，我远远地望着你，暮色中我甚至看不清楚你的样子，我们各自在等待属于自己的那趟地铁，那段归途，而其中叠加的部分，是共同的记忆。我们在不同的城市生活着，总会错过了不少彼此的讯息，我想也许他不再是天黑请闭眼游戏的终结者了。

学校毕业以后，我就跟我的高中、大学好友保持着距离，同时也保持着断断续续的联系，我懂他们的一部分，但我不需要懂他们的全部。我从来都没有指望过完全了解一个人的内心，也不打算将内心所有的想法都告知一个人。我们在不同的人生阶段成为彼此生活中浓墨重彩的一笔，随后在接下去的人生里成为彼此想念的对象。他们让我看到了生活的另一面。时光终会带走了一切，也留下了一切。我们可以为自己写赞歌，也可以为青春唱挽歌，让我们红尘做伴，活得潇潇洒洒。

第四章

世界是孤独的，也是温柔的

与怯懦和平共处

她的画

怯懦的人，很少向别人流露自己内心真实的感受。导致一个人孤僻怯懦的原因有很多。小时候，环境的改变让自尊心很强的我变得没什么自信。念初中时自以为还算优秀，那时我还是一个活泼的小姑娘，到高中看到了更宽广的世界，知道无论如何怎么努力，我跟别人始终都存在很大的差距，这种差距促使我更加努力，但我好像再也拿不到第一，成不了老师和同学们最喜欢的人。长大后更是惊觉要一个人面对生活，要克服多少怯懦，才能活得自信又快乐。我曾经也是一个争强好胜的人，凡事都想要做到最好，但也慢慢发现了自己的力不从心。人总是有害怕的东西，无法战胜，只好与之和平共处。

懦弱的自己，时常千方百计去做能讨人喜欢的事，有时会因他们开心而开心。不敢直接说出自己内心真实的想法，好像这些话会伤害到谁；常常附和别人说的傻话，明明神烦一个人却无法表现出来；为了不把别人做的一件坏事闹大，自己默默消化。总觉得要息事宁人，而且并不觉得这样有什么问题。当自己终于有勇气正视真实的内心，才发现并没有在给予别人什么帮助，很可能帮了倒忙。诚实地对待自己的怯懦，才能更了解自己。

每个人的骨子里总是有傲气的，希望获得更多的赞美和掌声。现实生活的紧张忙碌，冲淡我们审视自我的愿望。通常人们会用各种手段去避免与怯懦的自己相遇，喝醉也好，看电视也好，跟一群人扯淡也好，希望别人看到的自己是聪明的，乐观的，风度翩翩的。而有时，内心怯懦的小人会跑出来，它来告诉你，你是愚蠢的，短视的，无望的。这种孤独感会令人喘不过气，你害怕，因为你知道它是真实的。

你可以害怕，但怯懦并不能带来幸福。不管是亲情，友情，抑或是爱情，也许怯懦带给你的，更多的是不必要的受难，不必要的等待，不必要的失望，换来的只是内心的空洞。你从来都不说出你的不满，就是害怕眼前的人记恨你，离开你，但你要明白啊，是真的有人自私到只享受你对 TA 的好，却从不知感激。你对 TA 好干什么呢？抛开不必要的，留下最重要的，人到底还是要爱自己多一点。

人多多少少会遇到令自己怯懦的事，而人往往又害怕改变，生怕一旦做了什么就失去了什么。而以怯懦换来的各种情，也许正是最脆弱的。我们可以与怯懦和平共处，但不要因此丧失了更重要的东西。

既然青春留不住，不如听一场他的演唱会

25 岁，第一次一个人去听演唱会。

张学友有一首歌叫《她来听我的演唱会》，唱的是一个女人在不同人生阶段的爱情。17 岁的爱情，纯真甜美，少年为了博她一笑，排一夜的队，花半年的积蓄；25 岁，正当年轻，爱情风光无限，年轻的男人他手中的玫瑰不单单永远属于她；33 岁，到了要给年轻的女孩求她让一让位的年纪；40 岁，她已经不再去现场听演唱会了，却在家中泪流满面，唯有岁月在听女人唱无怨无悔。无论是悲伤还是幸福，都是人生的一部分。我 25 岁时，决定去李宗盛的演唱会，朋友说他太老了，基本不听他的歌，我甚至来不及找人一起去。

我从不追星，即便某部作品一时兴起喜欢某个明星，表达喜欢的方式也最多是找到所有与他相关的作品与文字，细细看上一遍。年少时，我们总是口口声声在别人面前说自己有多爱一个明星，生怕谁不知道。如今我明白了小女孩追星支撑起了一个巨大的产业，甚至宣传都只让小鲜肉出门，而不请女演员了。我也懂得了很多喜欢只是一时起意，未见真挚。

几年前，因为《霸王别姬》一部电影，喜欢上张国荣，也通过查找《当爱已成往事》了解到李宗盛其人，从此多了两个喜欢的

明星。李宗盛的搜索结果让我感到震惊，原来那么多流行乐的词曲都出自他之手，让人刮目相看。有意无意开始听他唱自己写的歌，那些在他口中别人唱红的歌。按照年龄来看，他好像是上一个年代的人才会喜欢的歌手，但作为一个有精神追求的人，年龄从来都是浮云。他的词曲，是他在不同阶段对自我，对人生，对爱情的表达与审视。那些歌仿佛真的汇成了河，轻轻地诉说着他的这一生。听他的演唱会，更像是听他在讲男人一生的故事。

2014 年年初，走在杭州的街头，看到已过期的李宗盛演唱会的海报信息，当时懊恼为何我之前没关注到。2015 的上海演唱会等我留意到时票已经售卖完了，我更加懊恼了，一算李大叔的年纪，此生我还有这么好的机会听他唱歌吗？幸运的是上海加场了。眼看着抢票时间到了，也没时间找别人一起抢了，索性就一个人抢了一张票，独自去看了一场演唱会。如果喜欢的东西无法得到共鸣，最简单的方式就是一个人行动。不要害怕孤独，人经历过一些事，才会明白孤独也是人生的常态之一。

既然青春留不住，还是做个大叔好。2015 年李宗盛 57 岁，他总是称自己为小李，现在的他多了一个大叔的称呼，dirty old man，他跟乐队马来西亚人这样解释着，找出了乐队里最符合这个称呼的人。

演唱会的开头跟中间，大屏幕穿插播放着他写的《我的三个家》。关于上海，他写道：所有的线索显示上海时期的我，是个拥有大量时间却无所事事的人。我跟那些蹲在桂平路上，吃西瓜解渴等待工作机会的民工并无二致。我也的确曾经活得像一碗隔夜面条那样，缺乏光泽松垮肿胀。如今我喜欢将上海的生活解释成一种试探，当我时过境迁往回看，它揭发了我不愿承认的懦弱，或提醒了我从不自知的坚强。只是我当时不知道这两者对我都是好的。

我的内心为之一震，这是很多年轻人正在经历的故事。在这个偌大的城市里呵，我也似乎拥有大量时间，谈不上无所事事却有着深深的迷茫，有时我不明白此刻的执着到底有什么价值，是否下一刻就会作废，在一个城市生活总要有个家，却也是未知数。此刻写下的困惑，对于十年后的我来说也许是下酒菜，就像当小李变成老李，他说这是一种试探。如今他站在演出的舞台上，把他的故事告诉年轻人，这对于我们来说是一种鼓励。

演唱间隙他讲了一些往事。年少时搬完瓦斯回到房间里写歌，求着老板给他们唱一场；在上海桂平路的一些记忆，迷思；他还讲了后来在日本中目黑的片段，他说人生低谷时，在日本中目黑，住在一个小山坡上，那时生涩地念着杂志上的字句，明明都互不关联，串联起来就像在讲述一个故事，这种体验很有趣。路口有一家 7–11 便利店，在那里他写了《寂寞的恋人啊》，努力爱一个人，和幸福并无关联。他的爱情曲折离奇，结婚，离婚，单身，让人唏嘘不已。他是一个写歌的人，不欠听歌的人什么。大众应该尊重他们的选择。

这一生他的词曲成就了很多人，他也因此赢得了名声，他们都叫他大哥。他说他引周华健入了行，周华健带他上了台。看，帮助人也需要眼光啊。他的歌充满了对爱情，对女人，对人生的洞察，更重要的是十年如一日的坚持，坚守着他的道义。

演唱会前的日日夜夜，手机里都放着他的歌。现场听他唱第一句时突然想大哭一场。内心涌起很多思绪，难过颓废时我听他的歌，能获得激励。整场演唱会，无华服，唯吉他白衬衫 T 恤水杯尔。他的声音、表情都如此真实，此刻我多么希望他能多讲一些故事啊。好想带失恋的朋友来听，歌里唱的有些人你永远不必等，这个道理我们必须懂。

散场时，人潮陆陆续续地涌向街道，很快就到了午夜，凄清的冬夜突然多了喧嚣，马路上开始堵了起来，路过的车子开始鸣喇叭，交警也在努力指挥。因为人多手机连不到 3G 信号，我在这熟悉又陌生的街头徘徊了起来。打了几通电话给朋友却未见回复，想必他们已经入梦。好不容易收到回复却失去了问路的兴致，好在走了一段就有信号，地图功能对我来说实在太重要了！喜欢这个城市有千万种，午夜一个人走几公里路都不害怕，就是其中一个。

深夜回家还一口气打了那么多字，已困成狗，就让我文艺一下，反正大家都睡了。我总算是见到了喜欢很久的人！这种感觉很微妙，心中狂喜，却又自然而然。跟过去的自己说我长大了，都能一个人看演唱会了。我说的长大，想必是指勇敢去见自己想见的人。“既然青春留不住”，这是他演唱会的名字，不如去听一场他的演唱会，每个人都可以为自己的青春填词了。

不一样的烟火

张国荣有一首很出名的歌，叫作《我》，里面有几句歌词："不用闪躲，为我喜欢的生活而活，不用粉墨，就站在光明的角落，我就是我，是颜色不一样的烟火，天空海阔，要做最坚强的泡沫。"说到同性恋，我脑海中首先闪过的面孔就是他。我喜欢张国荣，是因为他的才华、真实、勇敢。而他的这些特质特别突出，有部分原因却是他的性取向。我想写这个话题已经很久了，之所以迟迟未动笔，是因为一直不知道怎么写才好。看了蔡康永在一档节目里动情落泪，我终于下决心提笔写一写。

在我上小学的时候，我喜欢看书，家里经济条件有限，我手头能看的东西不多。念书时发的类似《中学生时代》的小杂志，我都会仔细地看完，回想起来我都被以前的自己感动哭了。有一次去亲戚家，看到一本杂志，我不记得那本杂志叫什么了，只记得是长辈因为坐火车无聊买来消遣的。我看到这本杂志时，封面是军事揭秘之类的题材。我以为就是大开本的《中学生时代》，事实证明是我太小没见过世面。我不记得其他内容，唯独记得里面有一篇文章，主题是女同性恋，讲的是一个女生宿舍女生 A 时时刻刻保护着柔弱的女生 B，一开始友情很稳固，后来女生 B 交了男朋友，女生 A 做出一些极端行为，惹得旁观者各种非议。通篇文章并没有提到同性恋三个字，文中把比较恶劣的词汇用在了女生 A 身上。这是我读到的第一个同性恋的故事，当时因为年纪小，看到女生喜欢女生，还阻止她跟男生谈恋爱，我真是吓了一大跳，我无法理解这本杂志为了猎奇，要虚构这样的故事。

我念书时，班上有一个老爱欺负我的男生，那时传说学校有个同志，一个胖嘟嘟的男生，据说他喜欢我们班这个男生，经常来我们班门口看他。这事儿闹得全班皆知，一旦这个男生出现在门口，我们班的男生就吓得躲起来。此时我就会很开心，欺负我的男生终于有人治了。这是现实生活中我第一次对同性恋有个大概的认识。学生群体是最容易被煽动起来，随波逐流又没有主见的群体，对这个世界的认知大多来自老师家长的口中，我们并不了解这个世界的真相，却爱瞎起哄。如果传闻是真的，至今我多觉得这个胖男孩很有勇气，在这么强大的舆论压力下，还能经常出现在我们班级门口。

直到后来我长大了，有了互联网，有更多渠道能接收到各种各样的讯息，我才发现以前的我跟故事里的旁观者并无二致，一样恶劣、冷酷。在《奇葩说》之前，出柜这件事并没有被谁拿到台面上说过，中国人习惯了含蓄，习惯了善意的谎言，高晓松说在人类文明里，歧视是永远存在的，同性恋、贫困、肤色、脸大、腿短等等。他还说起某个电视台连说柴可夫斯基是同性恋也不让说，不要放大别人对自己的歧视，不要觉得自己就是世界上最痛苦的人。蔡康永在节目里落泪，他希望自己不要成为唯一那个出柜还健在的人，能够做到的唯一一件事情，只是证明给那些担心的爸爸妈妈看，我们并不是妖怪，可以很好地活在这里。

2012 年，我面临人生第一次失业。抹去不舍的泪，剩下的是必须面对的现实。同事们已经搬家，我独自一人上班下班，度过了最后的一周。生活一下子失去了重心，我努力让自己从这种情绪中解脱出来，我不是飞鸟，没有翅膀可以折断，我不想让自己被这种无力感杀死。我带着相机跑到了外滩，漫步在上海人口最密集的街头，但是冬日的阳光，遮挡不住冷风凛冽。正是这个冬天，让我有了空闲来好好了解张国荣。

在这段空虚无助的日子里，我看了很多关于哥哥的视频，他第一次登台唱《American pie》，坚持要唱全七分钟。莫文蔚说，当时我还是个小女孩，要上去献花，第一次看到他时心里就想，哇，好靓仔啊！我相信，人与人的相遇，需要缘分；人与人的相处，则靠时间。一切与他有关的电影、视频、歌声，陪我度过了这个寒冷又漫长的冬天。不管是电影，还是生活，他身上始终散发着一种决绝的气场，置之死地而后生。《阿飞正传》，关于落地飞鸟的故事，谁还在追寻呢？程蝶衣终归入戏太深，无法自拔。春光乍泄，谁说的，不如我们从头来过。他有这样的气质，连他塑造的角色也是亦正亦邪，百转柔肠，让人恨也让人怜。那些经典角色，让我分不清戏里戏外哪个才是真实的他。

他的演唱会曾遭到过很多人的口诛笔伐、冷嘲热讽，他的性取向一次次被抨击，一个人要有多强大的内心，才能躲开这一切。他的忧郁，不羁，执着，完美，没有人可以取代。我常想，如果他活在现在这个时代，收获的理解与宽容会不会更多，他是不是可以免于坠楼自杀这场悲剧。可惜一切都来不及，他一定是带着遗憾离开了这世界。直到你走后，所有人才念及你的好。娱乐圈深藏功与名，我看到的是你的初心不改。

在知乎上看到过一个关于哥哥的问题，说有一次哥哥跟唐先生在路上走，遇到狗仔偷拍，唐先生怕记者乱写，就想跟他保持距离，哥哥根本没有搭理那狗仔，反倒牵起了唐先生的手就走。这段文字配了一张图，看着那略有些年代感的图，我又被深深打动。他才是我心中榜样的力量。尤其是他对人对事的态度，并不是每个人都可以像他那样洞悉一切，还能把情义放在第一位。因为他，我发觉自己过去的观念是多么狭隘与陈腐。我应该也能够变得更宽容，不仅仅对周围的人，也对所有我不曾了解过的世界。他让我懂得什么是尊重与宽容。

非要我拿几个字形容他，我只能说，他是神一样的存在，制造着穿越时空的幻觉，时光都凝固了。很多人用“风华绝代”来形容哥哥，还有一直以来的“继续宠爱”。也许这两个词用在男人身上多少会有些不妥，甚至没有几个女人担得起这样的殊荣，而他当之无愧，甚至一点也不矫情。

虽逝犹存

因为张国荣，我开始系统了解同性恋。常常有人问，你为什么喜欢张国荣？我说因为他既有逆天的才华，又很真实，待人和善。他又问，你又没跟他接触过，为什么这么觉得，说不定是演出来的？其实说到这里，我就不想反驳他了。我喜欢他，并不需要向别人说明原因，我找了他的音乐、影视作品、纪录片，以及别人对他的评价，这些信息都向我传达了他的为人，有些人觉得他行为乖张，但在我看来是随性，他不在乎世俗的眼光，追求完美精益求精，这些都足以让人喜欢。至于他喜欢什么性别的伴侣，这又有什么关系。后来我读到了王小波与李银河写的《他们的世界》，1997 年法律废除了流氓罪，这本书写于 1992 年，书中提到的同性恋的世界，在我读来跟 1992 年他们写的竟然没有多大改变。

一个男生告诉我一个故事，几年前，他突然接到一个朋友的电话，说想告诉他一件事，隐隐觉得是下了很大的决心，最后朋友出柜了。一开始他也惊呆了，虽然近几年看过的同性恋电影不少，但还是觉得吃惊，他马上恢复了镇定，等朋友情绪平静以后，他才问了一些细枝末节。说实在话，我很佩服那个人，人们经常说人要勇于面对自我，但有时一旦把真实的自我暴露在大众面前，其实他们根本是不接受的，大众根本没有像我们想象中那么理性。尤其是在接受了几千年传统教育的社会背景下，很多人跟小时候一样，依然只会随波逐流，接受不了所谓的异己，拿打击异己来稳固异性恋的社会地位，然而并没有什么卵用。我们无法想象同性恋在历史上曾经受到过多少打击与迫害，但在如今，我们难道不该意识到歧视他们这只是直男癌晚期的一种症状吗？

关锦鹏曾拍过一部纪录片《男生女相：华语电影之性别》，片子里没有任何剧情，只有导演、演员和影评人对性别、生活、电影的看法。那些个拍出牛哄哄电影的人们，那么真实地讲述着各自的观点，实在太难得。能在这片子里看到他们的前瞻性，还有人性光辉的一面，而关锦鹏本身就是同性恋。在最后关锦鹏拍摄了他妈妈的片段，令人动容落泪，能看出一个母亲既承受了莫大的压力，又流露出对儿子无限的温情。我还不得不提李安的《断背山》，王家卫的《春光乍泄》，陈凯歌的《霸王别姬》，我通过影视作品接触到了更宽广的世界，此时我们也应该有一颗更包容的心。

当他们选择出柜，就意味着他们选择了比别人更艰难的路，作为一个旁观者，你根本没有资格对别人指指点点。2015 年 6 月 26 日，美国的最高法院裁定同性婚姻在全美合法，这注定是历史性的一天。《奇葩说》这档节目，最珍贵的地方不在于辩论技巧，而在于告诉人们，这个世界上有很多跟你不一样的人有血有肉地存在，也需要尊重与合法。这一切，总算让我觉得他们的世界已经渐渐开始发生变化。

我不追星，喜欢的明星不多，也有直男类型的大叔，只是我觉得，有勇气单枪匹马挑战社会舆论的人实在太勇敢，光有勇敢这一颗心是远远不够的，还必须有惊世的才华，坚强的内心，不得不让我佩服，打内心里尊重。张国荣、蔡康永都是如此。

也许矫情的一直是我，非得在每年 4 月 1 日写点东西，以证明什么。2005 到 2015 年，从我第一次在图书馆看到张国荣跳楼的那本书，已经整整 10 年了。10 年了，社会变得比以前宽容了，但也可能没有达到他预期的程度，如果他还活着。有些人活了一辈子，不知道活出了什么，到这里，又忧伤起来了。但有些人，永远不会被遗忘。

在香港太平山顶，走到他的蜡像前，我久久没有挪开脚步。

最好的陪伴

在乔布斯的苹果改变世界的时候，我正念大学。有一室友妹子揣着她老爹的朋友从美帝带回来的一代苹果手机，拉风地穿梭在众多火柴屏屌丝手机中。已经忘了它的价格，只记得在当时，这绝对是炫酷狂拽屌炸天的配置。这一年，另外一个室友的手里拿的是诺基亚塞班系统智能机，我的手上还是一只三星直板按键手机。

人不能轻易回想过去，尤其不能用更新换代如此迅猛的数码产品当作时间轴去回忆，否则就会跟此刻的我产生同样的心情，感伤，叹息，震撼，赞叹。塞班系统，这本来被寄予厚望称霸手机界的玩意儿，被突如其来的苹果打得落花流水，一打就打进了博物馆，默默成为了历史遗物。我拿起身边的5S看了看，看到简书App给我推送的消息，又有一位朋友对我的文章点了喜欢。此刻，我对乔布斯的感恩之情又增加了一些。

那时刚来上海实习，时不时要回去杭州，去解决各门功课的考试等问题。我用着按键手机，移动2G网络，我从来都没有想过在火车上愉快地上网这一天来得这么快，幸福来得太突然。当时我居然能忍受那么坑爹的网络，在每一趟火车上，都用键盘手机在火柴盒上大小的屏幕上打字，一个保存草稿的功能对我来说至关重要。我不大会跟邻座搭讪，只拿着手机，不停地按键，我好像有说不完的话，找到了绝佳的倾诉机会。

买一个大屏手机也是为了方便打字，那时候我这样告诉自己，有了智能手机，我打起字来一定会更加得心应手，随时随地都可以记录，于是我花了几千块钱买了一个智能手机。但奇怪的是，换了大屏手机后，本来以为自己会更加勤奋，事实上没有。只是变得更爱看书，看资讯，在社交网络上浪费时间，却没有在打字这方面取得成果。在我还没有智能手机时，打字拍照都很吃力，却不遗余力，现在工具提供了莫大的便利，人却懒了。

当然，文字的主要发布渠道也发生了巨大的变化。咳咳，2007 年时，我也曾经是 QQ 空间的忠实用户，因为在火车上用 2G 网络也勉强可以进去写东西……其他网页登录起来都比较吃力。那时还是博客流行的年代，我一般不在手机上操作，太麻烦。我基本先把所有东西写在记事本里，写完之后再复制到网页上，保证文字不会丢，直接用手机在网页上打字，经常一点保存，内容就不见了，说多了都是泪啊，因为是按键手机，切换出标点符号还特别累，所以都习惯用空格代替，再用电脑登录加上。至今都对自动保存的软件抱有巨大的好感，比如简书。

2009 年微博开始流行，我的大部分短文字都放在了微博，而其他都不及微博方便，没有及时在移动端流行起来。我不再打大篇幅的文字，控制在 140 个字以内，若真想写长篇，干脆就拆成 N 多个 140 字，再复制拼凑，对我来说也是最方便的。写乱七八糟文章的习惯一直没有放弃，中间这几年我都没有再用手机写过大长篇，移动端居然没有一个好的平台，没有一个好的 App，我只能选择豆瓣的网页端。

直到我遇到简书，我依然还是习惯在网页端打字，效率比手机高了N倍，但我还是会想念以前的热情。我之前期待简书App加上写文章的功能，让我找回手机打字的热情。用手机写长篇到底是有点累，也许记录并保存就够了。现在它加上了，我却还是喜欢用电脑打字。不管是用手机还是用电脑，这些都是我一个字一个字敲出来的啊。如果人们能喜欢我的文字，我自然很开心，不喜欢我也没办法。

每天我默默地上班下班，大量的信息灌入脑中，有时候来不及消化。我坚定地活在自己的精神世界里，每天都想说点啥，也偶尔神游太虚。我很惶恐，夏天就这样过去了，让我焦虑的事情终于还是一件接着一件来了。孤单与无助，有时不想说，于是就化为敲打键盘的滴滴答答声了，基本上我已经能熟练地盲打了，我一直是全拼打字的，按的键也特别多。不过敲敲打打一阵，烦恼的级别也随之下降啦！对我来说它们不是狗屎，而是一种释放。在网上写文章，对这些年的我来说，是最好的陪伴。

老无所依

因工作形成了比较固定的睡眠习惯，周末也一般睡到九点就起床。醒来第一件事就是拿起手机，先是看了看最近的新闻，一孕妇因“捂月子”中暑身亡。我没有生过孩子，但我看姐姐和闺密都坐过月子。这条新闻太可怕，荒唐到令人害怕，一个年轻的妈妈死于无知，而在我们这个社会引起的波澜，也只是为社交网络增加了一点谈资而已。第二件事，是爬起来看了一期《知乎周刊安全养老》。

产妇的话题只是一个引子，今天我想谈的话题是关于死亡，关于人是否应该有尊严地死去，而不是死于愚昧无知？在中国，不少死亡都与愚昧无知密切相关。我们经常被新闻标题吓坏，看热闹不嫌事大的人也经常看社会新闻，尽管有人说社会新闻也存在夸大捏造的成分，但有时那些标题惊悚的新闻，却正是我们周围发生着的事。谈到死亡这个话题，我不得不谈谈中国式家庭。在中国，养儿为防老的观念深入人心，儒家的孝道一直是维护社会稳定的方式之一。但我从小所处的社会生活，让我看到事实并非如此。

小时候外婆家对面住着一个老人，她的丈夫过世早，一个人住在小小的石头房子里，她的房间只有一扇门和一扇小窗，里面有基本的生活设施和她赖以为生的活计，她是靠卖祭拜用品为生的，因为她能边折元宝边念经，经念得好，所以还是能维持生计的，小时候我路过她家门口，都会给我一些糖。再长大一点，父母就告诉我们不要再去她住的小房子里，也不要吃她给的东西，怕已经过期。但还是偶尔会派我们去她家买烧给祖先的纸。老人命长，一直活到八九十岁，她最后的几年，我就看到过她一次。

她还是住在阴暗潮湿的石头房里，旁边几栋高高的楼房住的是她的儿子们。如果老人健康，那么一切都相安无事，但偏偏她病了，而且老年痴呆，我看到的一幕让我觉得心寒，石头房子的门，被木质栏杆强行围住了，她根本就出不来，她的儿女们会把饭菜放在木栏的门口，让她自己吃。据说把她放出来，她就会随地大小便，还会去门口那条河里喝很脏的水。再细节的事情我已经想不起来了，只记得我路过时，都不敢看她发疯咆哮的样子。为什么会这样？大人们告诉我这也是没办法。养儿为防老，这完全基于道德层面的古训，并不能让每个老人有尊严地死去。

谈完上一辈的老人，我想谈谈如今的孩子。中国式家长有个普遍的特点，就是抱着某些既有观念不放，还喜欢强加在孩子身上，可能这本质上是害怕好不容易树立的家长权威在整个家中荡然无存，也可能是在寻求某种存在感。而孩子们呢，通常都会默默接受。坐月子就是其中一件事。为什么年轻人没有积极去学习新的处理方式，而轻信老一辈人的老说法呢？

在中式家庭关系里，父母与孩子的依赖关系是很微妙的，孩子还小的时候，父母有抚养义务，父母如何教育孩子，这不是我今天要谈的内容。别的地方我不知道，在老家农村里，孩子无论犯了多大的错，父母都会出面为他犯的错买单，这导致了一些孩子变得自私骄纵，从来都不知道什么是责任。无论是家长，还是孩子，从广义上来说，都深受其害。父母往往会伤心欲绝，心想怎么生了这

背　影

么一个孩子，但他们不会愿意承认自己在教育方面有失偏颇，导致局面失控。老人又怎么指望这些孩子来养老呢？

老无所依，死于无知，这个话题太过严肃，却实实在在发生着。而我们一直没有学会的一件事，叫作独立。父母从小就把全部精力放在儿女身上，等他们长大后，又要把晚年寄托在他们身上。循环往复，却不寻求新的解决方案。知乎周刊里提到了如果是丁克，膝下无儿无女，需要多少钱才足够养老。妥善安排晚年，这笔钱的数额是惊人的。我们的环境肯定是有责任的，养老体系，教育体系，文化环境等，我们无力做到完美，无力做到不打扰别人，无力做到安静地离开。

那我们能做些什么？改变教育方式，这是最重要的，不仅对孩子，也对自己，我们是生而为自己活的。学会理财，懂得最基本的理财方式，包括保险。改变旧观念，找到合适的养老院也不是坏事，到最后都是钱的事儿。陪伴，反倒是这条，也许成了最难的一件事儿。我讲这些时心情是很沉重的，说得轻松，但做起来真的很难，尤其是对于我们的长辈来说，他们已经完全没有机会了。我们还会步他们的后尘吗？最近一个朋友的长辈去世了。他说，虽然我很难过，但我却为她松了一口气，长辈膝下有儿有女，家境都还不差，但面对卧床的长辈却都不愿意照顾，整日郁郁寡欢，默默垂泪，对她来说生不如死，而送去养老院一直都会被冠以不孝，最后只能孤独地去世。

是否会有那么一天，当我们孤独地面对疾病，我们是否能告诉所有人，人生是自己的，死亡更是自己的。愿你老有所依。

高等游民[1]：为什么一定要努力符合别人的期待？

高等游民，我是从一部日剧里得知这个名词，这部日剧的名字叫作《约会～恋爱究竟是什么呢～》，看完这部剧之后，我想问你一个问题：你是否真的能爱一个人，愿意与之共度余生，就算对方在社会标准考量下绝对是个大奇葩，完全不值得托付终身。剧中的男女主角就是这样的人。

在日剧《约会～恋爱究竟是什么呢～》中，男主是一名不工作的啃老族，但自称“高等游民”。他觉得为了工作而浪费宝贵的时间是愚蠢的，他的目标是为高龄母亲减轻负担，找一个有钱的女人结婚，代替母亲成为他的寄生对象，负责他日后买书买碟费用，而他负责照顾家庭。女主是一个喜欢数字的公务员，严格自律，凡事锱铢必较，完全以数字来计算生活的每一件事。这两个人因为相亲碰撞出了一些火花。男主希望娶了女主，他只需要很少的生活费就可以把家里照顾得很好。

记得念书时，班上一个女生说，我的人生追求就是当一个出色的家庭主妇，照顾好丈夫和孩子。当时我对这番言论感到了震惊。这也不能怪我，年纪尚小，被教育体制荼毒得太深，以为现代

[1]“高等游民”：这个词在明治时期至昭和初期被广泛使用，是指在大学接受过高等教育，也没有经济压力，只靠读书过日子的人。“高等游民”并不参与生产活动，就像剧中只顾着读书的巧一样，他们只对自己感兴趣的领域有所研究。

社会是个人就一定要工作，不工作怎么经济独立，怎么保持在家中尊严与地位，怎么能以家庭主妇为人生目标？！

很多年过去了，这个女生并没有实现这个愿望。现在回想起来，我只是自以为自己代表了主流价值观，站在一个自以为先进的角度来看待。在中国，女性早已不屑于这样的人生追求，女主内，守着一个家庭的情况不是没有，而女人外出工作也早已屡见不鲜，很少人会把当家庭主妇作为人生目标。而在日本，全职家庭主妇却是一种常态。谈到女人是走上社会，还是回归家庭，相信大部分人都明白，这是她自己的选择，别人没必要指手画脚。是的，自由意志似乎是文明的一部分，更主要的是主流价值观赋予了这部分自由。但如果换作了男人，追求的是做一个家庭煮夫，似乎就无法被接受。

主流价值观对此接受度很低，男主没有作恶，心地善良，饱读诗书，随口就可以根据当时情境演绎名人名言。虽然他总是说他花得不多，只是买书买碟，但让年纪老迈，身体不好的老母亲养着，就是他最大的恶了。老母亲担心她过世以后，他怎么生存。发小都已经放弃劝说他参加工作，协助他追女主了。剧情设定是一开始女主无法接受这朵奇葩。当然，因为女主的设定也有奇葩之处，相信剧情一定会反转。（最后果然反转了，棒棒哒！）

先抛开日剧不说，我们是否能容忍这样的高等游民存在呢？很显然男主忽略了一点，明治时期的高等游民有一点，就是没有经济压力，而他则是一个面临经济压力的男人…… 此时又到了面临生存与追求的碰撞，主流价值观绝对是支持先生存，其他都不重要。那此时男主去寻找新的寄生对象，理论上是符合现状的解决方案，但周围没有一个人能接受。如果换成是我们身边的人，也一定会怒其不争，哀其不幸。但是，这样的人就真的不可原谅吗？

当所有的人都在说，如果你不努力，凭什么过上自己想要的生活。除了金钱以外，努力在世人眼中是最重要的一件事，仿佛努力就会过上幸福美满的生活。我也曾不屑年纪轻轻就闲置在家的人，而慢慢累积的生活经验让我明白了一个道理，每个人唯一的最大的权力就是主宰自己的人生，我们无法对他们指手画脚，站在道德制高点去评判别人，我们无法了解他的过去，他的内心，他的软弱。在某些人眼中他们就是被社会遗弃的可怜虫，但他也有选择的权利，其实这些人根本不关心他，只是习惯了把批判作为一种谈资，甚至乐趣。

这几年我尝试去理解不一样的人生，从利己的角度来说，只要在不侵犯别人利益的前提下，每个人都有自己的选择。主流价值观并不一定是高大上，成功励志的心灵鸡汤，也不过是屌丝心中的朱砂痣。如果我有经济能力，我的理想可能跟男主一样当一个高等游民，沉浸在自己的世界里，天马行空地说些不着边际的话，也不用在乎是否有人看，有人懂。但这里有个大前提，不能牺牲别人的利益。我们始终是生活在群体之中的，不得不站在家人朋友甚至陌生人的角度考虑问题。

当我写下“为什么一定要努力符合别人的期待”时，我是很心虚的，因为我清楚地知道大多数人的追求不像男主那样，只要有书，有碟片就可以了。而当一个人欲望极度膨胀，却仍觉得可以不用努力，那么社会规则就要被破坏了，这是不为社会所容许的。

努力符合社会规范，成为一个普通民众；努力做到无欲无求或只追求精神世界，成为一个高等游民。这两个，只能选一个。而我只能选择前者，啊！多么痛的领悟！

少数派奇葩

追了一个夏天的《奇葩说》结束了。我最大的收获就是更喜欢蔡康永了。几年前，我在上海书展曾有见他一面的机会，当时我还不大了解他，大热天要排大长队，我有点吓到，现在想想觉得好可惜。那时候《蔡康永的说话之道》正风靡，而我却固执地不看明星书。那时我完全想不到几年后我被他的人格魅力完全折服。

看了两季《奇葩说》，与其说这是一个严肃的辩论节目，不如说这是一个表面嬉笑怒骂，实际很有社会责任感的节目。节目选择的辩题，经常是年轻人遇到的问题，蔡康永每次都会谦虚地让金星先选立场，但一到他认为关乎普罗大众三观的问题，蔡康永会马上站出来说明立场。《奇葩说》有一句话很打动我，大意是中国有那么多人，如果每个人都不思考，那这个世界会变得多么可怕。而实际上，在这个地大物博的国家，确实存在这样的人。

记得小时候背名人名言，老是背到贝多芬说，我要扼住命运的喉咙。曾经一度也被这样深深的欺骗，我以为所有人只要通过努力，就可以成为自己命运的主人。那时的我们都太幼稚，有些东西我们拼了命也得不到。等到恍然大悟之时，却不知道该怪谁。我们是独立的个体，却缺少独立的人格，常常只是容易被操控的棋子。信息的严重不对称，某些东西被刻意掩盖，导致我常觉得自己生活在一个不知真假的社会里。是的，有些事情改变不了，但可以从改变自己开始。怎么让自己不再盲从，不再只是一具容易被煽动被操纵的躯体，这是我们必须考虑的问题。历史的悲剧总会重复上演。有时候我也会躲在角落里想一想，到底谁在把握媒体、言论、舆论，甚至群众。更多时候，某些跟风、吐槽、诅咒、谩骂、破坏的人，追逐的是一时的快感与发泄，他们根本不知道事情的真相，也根本没想去了解。看到有人写，对不起，原谅我无法阻止这些蠢货。当然，似乎也看到了一些希望，在某些原则性问题上，请一定要独立思考。

辩题“丑闻主角该不该万人虐”，很容易让人想到微博热门话题榜上的那些明星，他们的一点私生活，离婚出轨都会造成巨大的社会波澜，虽然是公众人物，但人们的跟风与八卦之心，远远超出了我的预期。经常看到有人站在道德制高点批判他们，追求更深层次的原因，为什么他们不讲真话？还不是因为主流大众吃假话这一套。造星造星，明星大多都是造出来的，真实生活可能完全不是大众所看到的那样。但人们不愿意去接受他们真实的人生。中国的离婚率升高不是一天两天了，明星也可能犯错，也有追求真爱的权利，更有选择如何生活的权利，离婚不是犯法，为何要受万人指摘？我认同社会是时刻变化的，无法保证当下的价值观、道德观就一定是正确的。尊重每一个人的选择，这是一种进步。蔡康永坚持了不该，他怕自己的选择影响到年轻人，怕人们变得更加癫狂，认为拥有道德的武器就可以扫射所有人。这恰恰是他最害怕看到的。

《奇葩说》表达了一些与主流价值观相悖的观点，比如在“买房和不买房哪个更幸福”的辩题里，他们更倡导不买房。100 个人是否能决定一个人生死问题，该不该向父母出柜等问题，都引起了广泛的关注与探讨。如今人们获取信息的渠道多了，而很多人并没有真正做到独立思考，人们的价值观并没有随着时代的进步而进步，固守陈旧观念的人依然大量存在。整个社会发生了巨大的改变，思想却没有，年轻人正在遭受时代巨变带来的空前的压力。用年轻人喜欢的方式传播价值观，培养独立思考的能力，才是媒体理应担起的责任。网络自制节目的兴起，让我们看到了网络媒体的力量。

而有些节目却几十年如一日，打我从小学起就开始看国内一档娱乐节目，一晃十几年过去，这个节目还在，我却无心再关注。说句实话，一个节目能坚持十几年实属不易，但节目内容对如今的我来说已味同嚼蜡。不变的套路，无趣的游戏，拘束的嘉宾，主流的价值观，构成了这样一个无聊的节目。以前还会一边吃饭一边看几眼，但我现在已经毫无兴趣。在互联网的巨大冲击下，我的选择变多了，对质量的要求也就变高了，一定是节目组低估了观众的智商，收视率下降只是时间问题。

小时候我就有着惊人的自律能力，认为不该在看电视上浪费太多时间，我宁可把自己关在屋里看书。但年纪稍长一些，香港古装剧与警匪片深深吸引了我，电视在我心中的地位渐渐发生了改变。从初中起我努力扮演着我的好学生角色，但又实在难以舍弃可爱的电视。周末假期我写作业的模式变成了边看电视边写作业，通常到晚上 12 点，当妈妈已经睡醒了一觉，我还在写作业。被问及为什么还开着电视，我就说害怕，周围太安静。只有我知道自己在干什么，因偷看电视熬夜写作业是拖延症的萌芽！从大学开始基本与电视绝缘，泡在网络上的时间远多于电视，电视渐渐从我人生中消失，从前的满怀期待都变成了索然无味，冗长的广告，脑残的剧情，惊悚的特技，电视已经无法满足今时今日的我，数字电视普及后我也几乎没看过电视了。

但我喜欢看蔡康永主持的《康熙来了》，因其表达的人生更真实，形态更丰富，谈话更自由。网络视频成了我的新宠，但我基本不看国产的娱乐节目。国产娱乐节目不管情节多么曲折，总是传递着满满的正能量，出场的明星陪着节目方设计的无聊环节一轮轮过，很少有耳目一新的感觉。一个明星出道 N 多年，在大众心中的形象永远是一样的，多么单调与无聊！除了正能量还是正能量，大众的八卦之心完全得不到满足，脑残电视把观众也当脑残，只能一声叹息，这个世界不会好了。

真实、有趣、自由，这是我喜欢看台湾娱乐节目的理由。当然我绝对不会否认节目为了做效果会有很多设定，无论哪个节目都需要，但看得多了久了，就能感受到节目之间的差异。性取向，整容，恋情，欲望，贪念，离婚，很多在国产娱乐节目不会出现的话题，他们能自由地表达，当然表达也有隐晦或者直接的区分，但我能看到不仅是娱乐，更多的是人性的流露，时代的缩影，不像某些节目只能传播正能量，几十年如一日。

台湾的娱乐节目不会只邀请正能量艺人，他们也有普通人的生活，他们在节目里不是扮演无脑花瓶角色，而是更多地去表达。无论这世界观是否符合主流大众的期待，但他们至少有机会去表达心声。记得有一期策划是这样的，他们选了台湾男明星的照片，放在一个板子上拿给同性恋者看，街头采访喜欢哪一个类型，并做了排序。这个节目策划对我来说很新鲜，同志如此露骨地谈论着男艺人，无论是露脸还是遮住脸，是天菜还是倒胃口，他们都做了表达。最后还邀请了一些被采访的同志来现场拥抱他的天菜男艺人。这只是其中的一期，但我看到了思想与表达的自由，他们自然地流露出人性中的欢喜与厌恶，当然脏话会被“哔哔”声切掉。12 年的《康熙来了》，就此别过了，爱你！

我的大学专业课涉及新闻采编、广播电视等内容，最大的收获并不是掌握了最基础的软件编辑技能，而是对信息的传播有了一个全新的理解。毕业后我很少关注社会新闻，对热门话题兴趣寥寥，少了一份对某些信息的敬畏感，它们甚至都没娱乐节目来得真实。如果不能接触到更广阔的世界，人们根本不知道这个世界还有少数派奇葩的存在。也许我们不能生活在一个完全真实的社会里，但希望不是楚门的世界。真实、有趣、自由，是我毕生都要追求的三种状态。

青春片里的残酷与温柔

不知道什么时候开始，青春片也成了电影的一个类型了。这本来不是一件坏事，毕竟现在电影行业缺乏活力，注入年轻的力量应该是值得欢呼的，但《匆匆那年》也太没劲了，我想以后我再也不想出钱去影院看张一白的片子了。

确实，这部片子里堆砌了一些所谓 80 后的回忆，从丑得要命的校服，到 2008 年北京奥运会，黑板报，背古文，高考，大学集体宿舍，《灌篮高手》主题曲，看出来张一白确实是踩点来的，自觉每一个点都是集体回忆。间隔一段时间，就抛出白底黑字一句台词，这种幻灯片式的转场方式，是可忍孰不可忍，不带这么敷衍的！这种拙劣的拍摄手法就连我这个外行也忍不住吐槽。虽然这部电影确实折射出了 80 后这代人的一些影子，但这些青春片就跟当初的青春小说一样，缺乏深度，仿佛青春只剩下早恋、堕胎、疼痛。事实上，大多数人的青春，都忙着做黄冈题目，有没有想过他们的感受！我们的青春都让题海吃了！电影里的这些场景，更像是每个人都在经历的时代的印记，而非我们的青春。

且不说电影怎么拍得这么烂，理性地看待青春片，再结合我们的成长经历，也许能发现我们这一代人缺失了很多东西，甚至缺少对一件事的基本判断，完全不会应对突发情况。当我们年少时，面对难以招架的事，就只学会了躲避。当方茴被小混混追求，纠缠，她似乎完全不知道求助于老师家长；最后小混混为她而死，反而让她背负了精神包袱，再到后来被小混混的兄弟缠着，她都不知道如何应对。懦弱，沉默，这些标签可以定义不少女同学，包括年少时候的我，这不是一个特例，老师教我们如何解题，却没有教过我们如何处理问题。

作为儿女，我们都被父母过度保护。父母对待儿女们情感上出现的状况，永远都采用最简单粗暴的方式。电影里，陈寻与方茴的早恋场景很美，大光圈，剪影，少女在夕阳里，在朝阳里的影子一再投射到少年的心头。当方茴的爸爸发现他们早恋，他粗暴地使用了我们这一代家长都会使用的方式，去阻止他们的爱，但这真的是最科学的教育方式吗？这种观念存在几十年，为何至今都未发生改变？孩子们的情感观念也很不成熟，当方茴跟陈寻分手了，她宣泄的方式是找了另一个男生发生关系，不得不唏嘘都念大学了，处理失恋的方式竟然如此幼稚。方茴这样的姑娘，永远活在自己的世界里，无法对另一个人打开心扉，这样的爱是不成熟的。当陈寻长大了，找到了另一片天空，方茴所做的，也不过是极力逃避，她以为自己离开时，陈寻会追过来，没想到不仅宇宙不会围着自己转，连他也不会。无法与对方一同成长的爱情，怎么能够稳固呢？

性教育缺失，这是至今都存在的问题。记得念初中时，科学老师是男老师，他竟然直接略过了关于男女发育的几节课，那时候也没有什么生理课。从念书开始到毕业，就没有什么课程是能好好普及这些知识的，大多数人都是靠盲目自学，有些女生比较后知后觉，不会像有些男生会主动去了解。就算方茴一时糊涂做了错误的决定，但竟然连一点常识也没有，就怀上了孩子。当然，堕胎不用麻药，这是导演脑残想出的苦情戏，咱就不要理他了。我们从小就被过度保护宠溺，发生什么事都有父母收拾烂摊子，还不知天高地厚。很多少年到成人也没有学会如何承担责任，这是一种悲哀。

现实是残酷的，青春不等于爱情啊，有人的青春比电影里的还要惨烈，还要孤独。在那朝气蓬勃的年纪里，我们充满了幻想，对爱情，对未来，我们是孤独的，认为别人永远无法理解自己。直到有一天我们真的长大，偶尔念及年少的自己，才会发觉青春除了孤独，还有无限温柔。那些偷偷爱与被爱的人啊，那些打打闹闹、一起度过无数个日日夜夜的人啊，那些留下自己足迹的教室，操场，图书馆，自习室，小花园，绿荫道，给了我们柔软的记忆。

看了几部青春片，写了这几段文字，再想想家里还存着我以前穿过的难看的校服，我的年少时代透露出几分悲惨。匆匆了谁的那年，不知道我曾偷偷喜欢的少年，你可安好？

没钱却任性的不作会死星人

有钱，就是任性。这句话突然火了，吃酸奶只舔盖子的土豪们我只能假装看不到你们了，你们让我这样没钱的人怎么愉快地玩耍？

有一位朋友说过，有钱你才可以控制自己的生活，否则就一直会是钱的奴隶，没有坚实的经济基础只会让你越来越衰。周围的人都在探讨有钱没钱的问题，即便不说这么直白，也会问是买房，还是租房，在哪里工作，张江与陆家嘴的差距在有些人眼中还真是大，甚至有人可以根据你住的地方来推断你的经济实力。这些信息似乎都表明他说得很有道理，但我却始终无法牺牲独处的时间一心去追求金钱，比如我就不愿意在朋友圈狂轰滥炸发广告。我记得简书一位朋友曾经在我写的一篇文章中留言，这些都是钱能解决的问题，努力赚钱就好了。我当时看了有点难过，表达了那么多内心的困惑与无奈，到头来还是一个钱字就能解决的问题。

做不了任性的有钱人，我只好蜷缩起来不去讨论这个话题，非得讨论，我只能给自己贴上“没钱却任性的不作会死星人”标签。对，你没看错，没钱，但很任性，这种任性体现在我希望只和自己喜欢的人做朋友。简单的一句话，实现起来如此艰难。无论是现实生活还是网络，每天都能遇到讨厌的人。他们给你灌输价值观，人生观，成功学，告诉你生活应该在这样的轨道上前行，一旦偏离了就是彻底的 loser，他们根本不理解也不关心你的任性，他们只觉得你没钱，就没有任性的权利。

你不能辞掉稳定安逸的工作，从头开始去创业；你自己奋斗终生都不如嫁个有钱人来得实在；你不能在兴趣爱好上花费高昂的费用，不能对某些东西发烧，因为你烧不起；你不能老想着出远门去旅行，不如在家待着经济环保……因为你没钱，所以不能任性，你要去见长辈安排好的相亲对象，要参加朋友组织的场面饭局，要应对各种各样表面上的客套。是的，很抱歉，你没钱，生活没有给你任性的权利，你要一个人消化掉所有这些，接受这个现实，然后在深夜默默打开简书，发表吐槽文。你想告诉全世界，你没钱，但你也想任性，你只想跟自己喜欢的人做朋友。

同在此星球

但幸运的是你还能认识很多跟你一样的人，他们没钱，却很任性。他们辞职去创业，住的地方甚至没有一张像样的床；他们不畏世俗眼光，坚信单身与否只是人生选择；他们追逐的是自由，是遵从自己内心行事；他们拼尽全力在现实的桎梏中最大限度地解放自我。是的，他们没钱，却很任性。因为他们知道再不任性一回，人生真的就这样了，平静的心难再有浪潮。这种任性的代价同时也是巨大的，他们在一段时间会变得异常孤独。但你们还抱有一些希望，这些没钱且任性的人，终究能有一部分人可以成为“有钱的任性鬼”。

没钱却任性的不作会死星人，听起来，此星人仿佛随时都会被真实的孤独感所吞噬，可冥冥之中，我被这样的任性吸引着，来来来，我们来组建一个新的孤独星球。

这个出书梦想不仅得到了好朋友的支持，还有不少陌生人，微博、豆瓣、简书网友，若干创业者，感觉已经慢慢丰富起来了。支持者给我留的话，摘录最近三个，其他同样让我很感动。当我渴望完成一件事时，我要付出的努力，必然要比想象中多，但收获也会比想象中更多。无论是熟悉还是陌生，对我来说最珍贵的就是这份支持。

dreamsoft：支持平凡人需要蹦起来才能够到的梦想。

秋元诚：您只需要给我一本你写的书就行了。

林木潇潇：看来妹子你比我还要苦啊，呵呵。我也想出一本书，但我也想创业。我的书已经写了 20 多万字了（所以你加油吧），但觉得可能创业更重要，所以现在先利用业余时间边学习边开发程序，写作就暂时放下了。期待 你的成功，更希望你找到生活的快乐（也希望自己也是）！加油，共勉！

当你老了，希望你的人生有所得

老，一直是一件不愿被所有人提及的事，这个字仿佛天生自带一种悲怆感，一旦人老了，他能做的事情就很寥寥。如今这个字却被很多年轻人挂在嘴边，既是一种自嘲，也似乎是一个很好的借口，无论什么年龄，都能以此为借口，去推辞掉本该属于自己的东西。比如，老了打不动篮球了，玩不动游戏了，对世界不再好奇了……如果是这样，我希望我的心能永远年轻。

当你老了，你再也不会凌晨12点跑到女生宿舍楼下等她，你不再有炽热的爱，你平静地看待周围的人，依然向往永恒的爱却不再相信。当你老了，你不再追求轰轰烈烈，你努力对自己诚实，你勇敢表达你的情感，不再深埋心中，你知道爱不意味着天长地久，爱是恒久忍耐又有恩慈，发自内心。

当你老了，你还是会经常遇到在路边小摊上大声吃喝嬉笑的年轻男女，你会皱起眉头看他们一眼，然后继续闷头吃饭，想起曾经跟他们一样冒失的自己。当你老了，你突然觉得去哪里旅行变得越来越不重要，而你却越来越在乎是跟谁一起去，天下的风景尚未看够，心却不属于远方。

当你老了，你知道周围的人无法都喜欢你，你学会了冷酷地拒绝别人的请求。人与人应当保持的距离，就是果断说出心里的那个“不”字。当你老了，你慢慢知道了谁是真正对你好的人，谁是值得结交的朋友，你不再跟父母顶嘴，你也不再为渐行渐远的人而悲伤，你学会了珍惜当下。当你老了，你不再恨那些无关紧要的人，这些人生的过客给你带来了阴霾也让你学会了坚强，你开始觉得他们可怜又可悲，根本不值得你的恨。

当你老了，你试着去原谅，去感激，那些在你艰难困苦时递给你橄榄枝的人们，你时常想念他们，虽然你们无法经常见面，但你祝福他们快乐平安。当你老了，你终于懂得了情字的复杂，亲情，爱情，友情，每一种情都可能成为债，你的余生，就是在不断欠债与还债中度过的。

本来这篇只有这么几句，前几天看一个节目，聊的是70后，80后的童年记忆已经作古，在00后看来，曾经风靡一时的玩具、电视、物品、名人，都已经是上个世纪的事情了，他们根本就连20世纪都没有经历过。那么，我们认为浪漫的事情，在他们眼里都成了老套；我们曾经拼了命要拿到的卡片卡带签名，都成了古董。说到底，人会长大，会改变。我经历了看动画，过家家，迷港剧，追明星，写情书，考大学，找工作，定方向等人生各个阶段，但我还没经历过生死离别，没经历过因为老去而举步维艰，但必须承认，年少时我执着追求的事，到后来变得越来越不重要，甚至直接消失了。当你老了，你以为那些很重要的事，其实真的只对你一个人重要。当意识到这一点时，人们是不是应该有所觉悟？不过人们通常做不到这么豁达，在尚未老去之时，我们该在意，该喜欢，该追求人和生活，还是要拼尽全力，才能沉淀下我们真正在意的东西。有人要质疑我自相矛盾了，我承认这一点，生活需要寻找一种平衡。

当你老了，希望你的人生有所得。

陌生人，你好

有没有认识一个人很久了，并且一直关注他，知道他经常是一种什么状态。但是他不认识你，或者你不知道他也认识你？

我心中的这个疑问由来已久。念小学时候一直蛮喜欢学校的一个男孩子，当然那时候是纯欣赏的喜欢，更多的是羡慕。知道他成绩一直好，长得白净清秀，能上台唱歌主持。因他是我亲戚的亲戚，总能听到大家提起他的名字，但是我们的生活没有交集。后来我也去那个小学念书了，他在我隔壁班。我一直觉得他应该也是认识我的，只不过我们从来都没有说过话。我经常看到他在国旗下讲话，在节日来临之际上台唱歌主持，甚至偶尔在老师办公室或者教室附近都能看到他，发现私底下他其实是个害羞的孩子，跟我之前以为的有些不同。多年以后，我也仅仅只是在网上跟他打过几次招呼。他大概从来都不知我曾经那么关注过他。

其实现在想起来，初中高中都有这样一些人，久闻大名，且偶尔遇到，但是从来都觉得，那个人应该不认识我。我无聊时候喜欢观察别人，所以就毫无顾忌地观察起那些人。网络时代的好处之一是，你似乎觉得你可以无穷接近某人，尽管事实上你跟那个人的距离是一道永远都无法跨越的鸿沟。于是有一天，这些名字莫名其妙地出现在自己的好友名单里。我也从来没有尝试去问他到底认不认识我。偶尔去翻翻新鲜事，发现这么多年过去了，我们还是陌生人。

念大学时候，我去上选修课，一个别系但都是人文学院的女生不知道为何跟我搭上了话，其实我也早就认识她了。在校园里偶尔上课下课或者在宿舍楼上楼下会碰到。我也没特别去留心她，但是因为她很出名，碰巧我就是知道了她的名字。当我告诉她我叫什么的时候，她惊讶地说，你就是那个谁谁谁啊，早就听说过你的名字了。我顿时心里那个汗，我这么低调的人，怎么还有人听说过我呢。

公司里有个人，是因豆瓣一个朋友才偶尔认识的。在此之前有过一面之缘，在某次活动上，当时就觉得此人长得很有味道。没办法啦，没接触的时候只能看外貌了，每个人都一样的说。因为好奇，去看此人的豆瓣，又不小心看到他相册的链接，很惊奇地发现他过去的生活轨迹，看到那些 20 世纪 70 和 80 年代的老相片，一边在心里大骂岁月是把杀猪刀，一边又感慨时间真的就把一个帅小伙沉淀成帅大叔了。看到他与家人的很多相片，尤其是他的儿女，感觉有点窝心的，还真是一个有爱的大叔。某天照相时，看他逗大家笑的样子，确实是还蛮搞的。某天下班，夜幕降临，看他与另一个同事坐在公司门口小花坛边上，抽着烟，仰着头，聊着天，旁边还站两小伙。我则从他们中间匆匆穿过。我确定他肯定不认识我，也不记得我了。如今我们还在老公司的群里边，但我也不会刻意去结识他。

这几年也算是彻底经历了各种大大小小的离别。那些本以为能待在一起很久很久的人，可能第二天就跟自己说再见。每个人都在拼了命实现目标，以此来成全自己，须习惯离别是常态，兜兜转转说不定哪一天还能在这个圈子里遇到。从夏天到秋天，常在等公车时遇到一个人。他长得真好看。一天又一天，看他穿的衣服从短袖变成了外套，他有紫色与棕色的T恤，黑色的裤子，白色的鞋子，浅色条纹衬衫，白色到橘红色渐变格子衬衫……每天都提个电脑包，在高架下来后的那一站下车。一张看上去有些病态的白皙的脸，脸上有零星的浅浅的痘痘，这么一张年轻的脸，盯着他的脑袋看，上面竟也长出了好些明显的白发，我不得不又感慨起岁月催人老的事实！就这么一个陌生的人，好像也要消失了。

一个人到底年轻过，疯狂过，热血过，且继续潇洒着。这好像是我一直很羡慕的生活。也许，只是不经意间注意了某人一段时间，之后便把此人彻底遗忘。我们是彼此生命中的过客而已。某人，我曾如此欣赏你，羡慕你，嫉妒你，我曾如此希望接近你，成为你的朋友，但是终究没有。虽然现在圈子越来越小，随便想找哪个人，只要有线索，不用费很大的劲都可以找到，但我仍然希望他们都活在我的记忆中。

在公司的班车上，经常会遇到一个人。他刚好在某个特别的瞬间吸引到了我。从我开始留意一个人，我就会发现看到这个人的次数会变得特别多，也许这就是选择性记忆。之后我又在班车上遇到他N多次，还在电梯里听他和同事对话，很遗憾，这男孩的声音不是我喜欢的。当我写下这些时，我对他没有无任何想法，只是在那个阳光灿烂的早晨，恰好看到了一个美少年，这是一个陌生人赐予的生活灵感，那么鲜活却又缥缈。在每天上下班，从家门口到地铁，每天8点40左右，我都遇到一个高高瘦瘦，手提公文包的男人笔直地从我身边经过，也许是因为他人太高，走路姿势太笔挺，我才留意到他。每次看到他以迅雷不及掩耳之势经过时，我心里都在想，他是不是承担着养家的重担，才如此行色匆匆。我租的房子每到晚上12点就会传来不大的脚步声，我心想楼上是不是住着一个跟我差不多的陌生人，在这个城市打拼，也是个爱熬夜的夜猫子。

这个世界，就是有这样一些陌生人，让我觉得这个世界还可以是美好的。虽然，他们确实无关我的生活。

再　见

楚门的世界

我们本应该生活在一个自己无法预知的世界。不知道明天会发生什么事情，遇到什么人，开心还是难过。我们都是一样，这平凡的人生中，没有多少人会来全程关注。

《楚门的世界》的导演则塑造了一个虚假的世界给一个真实的人，他的全世界都在欺骗他，包括父亲的死，妻子，发小，无一例外。所以他的一生显得不平凡起来，虚拟的世界也很真切，与我们所谓的真实的世界没有什么差别。一样出生上学，上班娶妻，生老病死。导演说，外面的世界也有虚伪、欺骗，而且可能会受到伤害。确实如此。但是如果明知是个骗局，还依然懦弱地活在那里，估计观众们都会不满。

从片子反观现状，我们的生活像走棋，从一个局到另一个局，是的，我们有时知道这是个局，却陷在其中无法自拔。明知道随时随地都有被欺骗与耍弄的可能，还是无法抽身离去。庆幸，楚门终于克服了心理障碍，也战胜了暴风雨，当他站在exit时，说："Good morning, and in case I don't see you, good afternoon, good evening, and good night!"我很羡慕嫉妒恨。我也多想逃离那些无处不在包围自己的无形囚笼，到我从未到过的世界去领略不同的人生。当然，我现在只能说，我必须一点一点开始改变，不能只想不做。再平凡的人生也应该有个巅峰时刻，可以对全世界微笑的灿烂瞬间。

通常我们生活在主流意识之中，主流的媒体，主流的观念，主流的思维，有一点出离这些规则就会遭到不同的眼光，甚至流言。我们从不去反问，为什么我们必须把最美好的 20 多年光阴都耗费在无尽的考试中？为什么我们非得在二三十岁时就扮演好合格的丈夫妻子父母等那么多角色？为什么我们只能生活在主流媒体的操控之下，媒体说什么就跟着走，没有做出独立思考？

所以我说，现在我们其实活得很盲目。现在很多人都爱呻吟，先不管有没有病，寂寞是必定有的，觉得自己能做的事情太少，太消极了。先好好想想自己究竟要什么吧，孩子们。让我们也能驾着船出海吧，不要束缚在这个安逸的小世界里了。人生至少也要疯狂那么几次。

我还是相信那句话：就算全世界都欺骗你，你也无法欺骗自己的内心。楚门的世界，最后还是留给了我希望。至于够不够勇敢去追求内心的渴望，那可就复杂了，很大程度上取决于个人。毕竟，我们依然只是这个世界中茫茫众生的一个人而已。生活不是你想逃，想逃就能逃的。

没有收过花的女生

偶然看到有人感慨：节日那么多，钱包那么扁！214，314，520，618，818，820……每一个都是节日，礼物，红包，购物车……这个发出感慨的人，他一定没有在意，这个世界，还存在没有收过花的女生。

有些妹子会在固定节日收到一束花，有些妹子却从来都没有这种待遇。如果我有足够的钱，我想给这些妹子送一朵花，告诉她们这个世界上的浪漫从来都不是靠别人给的。有些人已经被生活磨砺得丧失了浪漫感，男人总是说，为什么每个节日都要送礼物？节日那么多，钱包那么扁！这才是最真实的生活啊！但对姑娘们来说，真实的生活就一定好吗？如果是，有些女人应该靠什么活着呢？有个人告诉我，靠韩剧活着…… 我竟无言以对。只是，浪漫跟幸福是一样的，也许不应该全指望别人给予。

路过地铁看到有人在卖一朵朵玫瑰花，我本来想买两朵送给跟我一起吃饭的妹子。但想想还是算了，我又何必矫情，非得去趟这浑水。每个节日都在昭示单身狗是多么惨淡，而不知不觉也成了节日里最闪亮的主角，成了各种营销的主角。虐狗，不虐狗，都成了一种态度。单身狗脆弱敏感的心，都是被媒体和舆论惯出来的，竟以为天底下最惨的人就是自己了，然而并不是。花式虐狗这四个字，成了单身狗最大的自嘲。每一个节日，每一种浪漫的主角都是自己，没有收过花的女生，不需要为此感到可耻。

我写过一首小诗：

愚人节都还没人跟你表白，你还指望哪天收到表白

如果愚人节都还没有跟你表白
那么你还指望谁在哪天跟你表白
据说这样的人要好好工作
愚人节成了表白节
现在的人是有多不敢说真话
其实
不敢说真话的是你
你只是在等某人对你说你想听的话
一如既往地
你没有等到任何他的消息

当傻瓜遇上傻瓜

你是什么样的人
就会遇到什么样的人
我究竟是一个怎样的人
才会遇到你这样的傻瓜

金　色

夕阳太美好
它把所有东西都染成了金色
姑娘雪白的大腿
少年俊朗的脸庞
还有白色的围墙

致闺密

你没有告诉我你过得怎样
就是一声不吭地
找了爷们儿
结了婚
生了娃
最后
才通知了我

方　向

你丫骑个摩托
假装有自己的方向
装什么模作什么样
你根本不知道要到哪里去

从南到北，此时此地

去过的地方不多，但我的心在远方。

香港（一）

我一个人去过这个城市两次。第一次是偶然，第二次是必然。

世界那么大，我独偏爱南方，请原谅我的私心，北方对我来说太陌生，而只有熟悉感才能让我产生爱。南方，这里有温暖的天气，迷人的海滩，数不清的美食，软绵绵的粤语，还有无数拼了命奋斗的人们。去香港之前，我先去了深圳，在此地的小两口朋友带我去红树林周围散步。这个广场很大，四处都可以拍照，夏天的广场远处播映着水上电影，半空中即是舞台，所有的人物都在半空中悬浮着。水，声音，灯光，构成了这梦幻的场景。他们还带我去了深圳湾，坐在乱石堆里，对面就是香港，这样望过去，海的那一边，同样也是一个灯火辉煌的城市，但它却与这边的城市大不相同。

第一次去香港，我还是个年纪不小却未经世事的小姑娘。小时候，我觉得去大城市是一种奢望。对我而言，得到想要的东西，要比别人付出更多努力，我不是天生就独立坚强，那时候也没人

浮华夜色

教我如何面对眼前的困境，我自然而然地习惯倾听大于倾诉，有时我会隐藏内心真实的感受，表现出胆小懦弱的一面。前几年的我还是这个状态。这是我第一次独自坐飞机去远方。

我在香港拍下的第一张照片是许留山的多芒小丸子，这个店不大，就在街边十字路口。这家店在内地的宣传做得还算不错，只是开的分店却没有多惊艳，去过几次感觉人流量都不大。香港飘了雨，店铺里冷气十足，我在逼仄的小店里找到一个位置，放下手中大大小小的行李袋子，慢慢品尝起这闻名已久的甜品。在此之前，我已经在尖沙咀的加连威老道溜达了很久，穿梭在传说中的各种店里。在又冷又饿的6月，坐在完全陌生的城市中的一家小店，我冻得瑟瑟发抖，看着门外穿梭在大雨中的人们，吃着一份甜品，突然觉得好满足。

从店铺放眼望出去，周围也到处都是店招。香港的街上最不缺的就是店铺，各种化妆品店，药店，小吃店，光店铺的牌子就琳琅满目，在双层巴士上看着满街的店招也是这个繁华都市的一道风景线。在来香港之前玩觉得上海已经是一个很商业化的城市了，但一来这里就受到了惊吓，这里的招牌陈列形式太厉害了，层层叠叠，错落有致。

我在这风雨飘摇的天气里，还去了香港的太平山顶的凌霄阁，不得不再吐槽一下，6月了还冷得要命。据资料显示，太平山顶位于香港岛的西部，海拔 554 米，是港岛最高的山峰，是香港岛之巅，也是俯瞰维多利亚港景色的最佳地点。在此可以俯瞰维多利亚港的香港岛、九龙半岛两岸，“东方之珠” 果然名不虚传。我是坐登山缆车上去的，缆车很特别，从山脚向山顶爬升，一直处于倾斜的状态，很刺激，坐在缆车上往后看异常精彩刺激。

太平山下

山下的雾气慢慢朝山上飘了上来，不远处就是维多利亚港口，高楼林立，这番景色如梦似幻。我穿着短袖短裤在楼顶上冻成狗，说实话，很久都没有冻成这副鬼样子了，好狼狈。在不远处有一个巨大的爱心，情侣和单身的人经过都会拍一张，我却冷得无心拍照，但转念一想来都来了，怎么也得拍两张，那时候还没有自拍杆这种幽默的发明。我看到不远处有几个少年在拍照，就厚着脸皮上前请其中一位帮我拍照，他拿的也是单反，我心想应该不至于太差，到家才发现拍了几张对焦都不在我脸上，我的每一个都是模糊的，我只好自认倒霉。脚下的香港的夜景真是美呆了，灯火辉煌，璀璨绚丽，遥不可及。每当我看到繁华的城市，常常会想这里承载了多少普通人的梦想啊，发生了多少聚散离合的故事，城市不因为人的离开而变化，有人离开，自然会有人填补进来，它只需要负责一直繁华下去。下山时已经是晚上，我在山顶找到了巴士站，晚上的巴士站人不多，也算灯火通明，还有管理人员在指挥。我问了下老爷爷，坐双层巴士下山，这条蜿蜒曲折的盘山公路给我留下了美好的印象。

第一次在香港时，为了省钱，我还临时找了也一个人从上海来的陌生妹子合租酒店标间。我胆子一向不小，一开始我也能感受到她对我的小心谨慎，后来聊开了就放松了下来。我有些路痴，在酒店周围转了半小时，问了两个人，都找不到酒店，只好向路边穿制服的香港警察叔叔问了路，脑海里飘过很多 TVB 情节，从小陪伴我长大的警匪片，TVB 剧啊，我终于离你们近了一回。大晚上跟妹子在九龙城晃悠，在便利店遇到一个黑人，还帮店员做了简单的翻译。酒店附近有一个大的公园，是拆了传说中的九龙寨城后建起来的。

关于九龙寨城，我还是看过一家纸媒发布了国外摄影师拍摄的照片，才知道这个曾经在历史上存在过的地方。我专门找过一些九龙寨城的资料来看，知道这是号称最传奇的贫民窟。九龙寨城 1993 年拆除，未拆除之前占地约 2.7 公顷，曾是英国割占而中国行使领土主权的“界中之界”“三不管”地方，无法无天无政府，昏暗，肮脏，黑社会，妓院，如蚁穴般复杂的迷宫式走廊，蹲在墙角的海洛因瘾君子，为了生存独自奋斗，一个人就是一个作坊……据说香港警察也不涉足此地，不仅本地，连中国澳门、台湾，还有马来西亚一带的各色走投无路的通缉犯，也会来这里寻求庇护。此时此地，已经很难想象香港曾经有这么一个令人震撼的地方了。当时拆除时，甚至还有寨民在拆除之后自杀，一辈子都没有走出寨城的人，离开了它根本无法生存。

难怪，酒店附近似乎到处都是东南亚小吃，清晨我们醒来，在马路对面找了一家港式早茶跟香港人民同桌吃了一顿早饭。一切都如此安静祥和，让人想不到这里曾经发生的故事。

香港（二）

之前写了九龙寨城那一段，早上醒来我又搜索了下，在知乎看了一篇其历史沿革，从清代开始有兵驻扎，后来长期荒废，就有流浪汉进入，慢慢就演变成了贫民窟，住了近 5 万人，人口密度为每平方公里 190 万人，是全世界人口最密集的地方。网上可以搜索到的德国纪录片，拍摄了里面阴暗潮湿的环境，遮天蔽日，一直有水从上面不知道哪里漏下来，拥挤不堪的手工作坊，一个人就可以组成一个作坊，里面只有一个没有窗的幼儿园，没有隔间，全部人都挤在一起，一个年级的小朋友开始上课，另一个年级就开始睡觉，里面没有大家族，每个家都很小，住了很多老人，人和所有物件多挤在十几平方米的房间里。一些游戏，电影都以九龙寨城为背景创作。

别人在评价九龙寨城的特殊地位时，大概是这样描述的：与世界其他贫民窟不同，九龙寨城位于经济高度发达的国际大都市香港，其独特的建筑风格和林立的霓虹招牌，营造出一种科幻般的末世气氛，种种的与众不同使其成为西方和日本小说、动漫、电影以及游戏中出现频率最高的贫民窟。我们熟知的一些游戏、电影都与此地有关联。周星驰的《功夫》里，包租婆所住的猪笼城寨，就是以此为原型。诺兰执导的《蝙蝠侠诞生》，也是看了摄影师格雷戈·吉拉德的照片，才找到灵感拍摄的。我还找到了王晶的《O记三合会档案》，这部片子也是以此为背景拍摄。小时候我喜欢看港片却不喜欢看黑帮题材的，整天兄弟义气打打杀杀，而且我很悲观，在我看来人性到底是经不起考验的，那些小青年真以为他们真的能找到这样的兄弟吗，黑帮电影制造的最大的看点就是通过考验人性让情节达到高潮，小人物成为大头目，但现实终究是残酷的。朱茵饰演的角色被弹幕骂贱货，但她也只不过是时代的牺牲品。

人们对消失的传奇魔窟产生了别样的感情，尽管我没有机会看到，却也对三无之地产生了一些兴趣。在这个国际大都市的其他地方，文明有序干净整洁，唯独这里不同，暗黑无序脏乱丑恶，最终人们毁掉了它。以上是第一次去香港的补充。

第二次去香港很匆忙，主要还是去深圳，顺便才去的。这次去全程已经都靠自己安排了，机票，酒店，八达通，能想到的我都安排好。虽然我不喜欢去哪里都精心安排好每一个步骤，但到了陌生的地方，无论基于省钱还是时间的考虑，我都要做功课。本来我还想体验一下 Airbnb，但搜索了一下发现在预算范围内的，要么地理位置不好，要么房子坑爹。我发现有人专门做了很多小房间，用来租给别人，这样就丧失了使用 Airbnb 的乐趣。最终我还是在 Booking 上定了一家，香港是出了名的寸土寸金，第一次

时刻跳动

的地方是朋友帮忙提前订的，确实不错，虽然没有地铁但巴士便利。这一次比较赶时间，虽然我特别想再去一次太平山顶，但时间很赶来不及去，我就选择了离地铁近的酒店。现在我已经能比较熟练坐飞机了，这次我也没有带相机，只当作是一次休闲旅游。虽然早早预定了住处，也稍微安排了下行程，但这几天，光找住的地方，我的半条小命就快没了，我只记得我走过一条又一条街，一个又一个店铺。

出了机场我又去了一次东荟城，据说这里是全港唯一的OUTLET MALL，离机场很近，巴士几分钟就到。鞋包服饰，各种牌子，打折力度还可以，只是经常被吐槽款式陈旧，需要淘货，有些店基本上已经不想进去了，一些奢侈品牌一再被吐槽没有格调，但排队购买的大多还是内地人。内地的品牌物价实在太高，来一趟香港买足大半年要用的东西，也是划算的。逛完东荟城，我咬咬牙买下了看中的东西。我对奢侈品没有什么追求，更喜欢使用百搭的东西。我一般不超前消费，根据实际经济状况来，不至于让自己感到拮据，但也绝不希望财务失去控制。

逛完去酒店，每次找酒店对我来说难度都好大，尤其是在没有网络的情况下，我只能根据截图来判断地理位置。这家酒店的门口非常局促，需要从一条巷子里进去，周围有房子在装修，搭了脚手架还遮挡了一部分视线。我问了 3 个人才知道这家店，皇后大道东，巷子里进去只有两扇不大的门，上面写着私家住宅，闲人勿进。这是自动门，门口没有人，进来是一条长长的走廊，墙上挂满了黑白的画。我坐电梯到 5 楼，酒店的妹子一开口就跟我讲英文，我随便说了几句终于开始讲中文了，她错愕了一下就开始跟我说中文，这家酒店的服务员比第一次来那家好很多。这家店地理位置很好，冷气很足，但一个房间多个床位，也要收 330 港币，一点也不便宜。不过来住宿的人都很礼貌，没有人骚扰别人，也几乎没有人说话，最多碰见了说一句 Hello，晚上我安放好行李，终于用上了酒店的免费 WiFi，我查好去维港的路线。

从酒店下来，穿过一条最普通的街道，两侧有一些小饭店，卖水果的，卖盆栽的，非常市井。穿梭在熙熙攘攘的人群中，并不觉得陌生，上海跟这里最相似的地方或许就是人潮汹涌了。这里和上海一样，有各种肤色的人群，路人的颜值也比较高。瞎逛时我还看到了重庆大厦，王家卫的《重庆森林》有在此取景，这栋楼如传说一样，一眼望去都是密密麻麻的房间。维港还是这个维港，我却觉得自己似乎又长大了一些。逛了一天我感受到了深深的疲惫，妈妈打电话来我也嫌弃电话费太贵讲了几分钟就挂断，妈妈说就一个人吗，我说放心啦，我一个人在上海待了这么多年。

我独自沿着岸边走，这里很热闹，有唱歌唱戏的大叔大妈，各种拿着相机的游客，有各式各样的组合，情侣，妇女，夫妻，他们来此地散步，观景，乘凉。我又一次来到了星光大道，这一次我没有蹲下来跟地上的手印合影。我站着吹风，一个男的突然用北方普通话跟我说话，他说能不能要一下你的联系方式，我就跟他唠嗑了几句，他说现在在香港工作，出来要号码是为了锻炼胆量，他自嘲说自己长得丑，听他这么说我就问一共要到了几个，他说三个了。我笑了笑，心想到底还是幼稚，要靠这种方式来获取自信。作为一个曾经自卑的人，我没有打击他。跟他说再见之后我又吹了一会儿风，想起了几年前第一次来这里，还有这两年发生过的事。开头我说过，第一次来是偶然，第二次来是必然，我喜欢这个陌生的城市带给我的放松感。我大概花了半小时走回了酒店，真的很累，此时街道两旁的店铺都已经关门，有些会留着橱窗的灯光，路上很少人，来来往往都是车。我每次一个人出门都会走很多路，一方面因为路痴，另一方面也觉得有趣，没有人跟我抱怨走不动，也没人跟我说害怕。

第二天我逛街回来时，大家都已经收拾完毕走人了，连说句再见的机会也没有。这次主要来买东西，没有太多东西可以写。我还特地 8 点就起了，因为 12 点就要退房，我坐车去了铜锣湾崇光 SOGO，但这里都是 10 点开门，我还来早了，我只好在路上乱逛，看看街头的店招，最终我没去成，去了旁边的时代广场。过了路口走到了一家苹果店门口，门口排了很长的队伍，10 点还没到，店员们在二楼排成一排看着楼下排队的顾客，面对此情景，我不由拿起手机拍了下来。回到酒店已经超过了退房时间，房间里已经人去楼空，我是最后一个，酒店店员也未向我收超时费用就放我走了。

一个人的旅行最大的好处就是每一个细节都印象深刻，看到照片，就能全部都回忆起来。把昨晚写的《香港（一）》发到朋友圈，几年前在香港遇到的妹子留言：一代师太上次不尽兴，何时再走一发。你看，旅途上遇到的人往往非常友好，几年不联络了，还是可以一起玩。

碧　海

厦门的海

我偏爱一切有海的地方。

我的家，靠着山，离海不算远，可惜海水是黄的。舟山，海天一线的日出啊，我是如此想念你，黎明太美，日子太匆匆。厦门呢，更多是看游客在海边喧闹，尤其是厦大，生活气息十足，还好爬到住处最高的露台上，那里看到的夜景，是尘嚣中透出的一片宁静。夏末的温热仍未消减，跟闺密一起去了这个心心念念已久的城市。作为一个曾经的小资圣地，厦门也成功吸引了我。这个城市太美，大海，沙滩，棕榈树，双人自行车，美女，墨镜，厦大，鼓浪屿，民居，露台，秋千，夜聊，暴走，美食……所有的记忆都是碎片式的，整合起来却充满了夏天的味道。初到一个新的地方，有两种感觉，一种是怕，一种是惊喜。怕是因为陌生，惊喜也是因为陌生。

环岛路上的海，有长长的沙滩，骑得越远，人变得越多，有个郑成功的大雕像，竖在那里，据说这里可以看到金门，我也没搞清楚。跟姑娘一起，借了两个人的自行车，从这头骑到那头，回来的时候小命掉了半条。不是所有的海都有沙滩，我爱那松软带着一点温度的沙子，走一步陷进去一步。橘红色的裙子这回终于实现了它的人生价值，在阳光下摇曳生姿。晚上回来 10 点多了，还是去海边又坐了坐，音乐巨响，不知道在搞鸡毛，就不能让我们再发会儿呆？我们在涛声中听音乐。

厦大白城的海，布满了路人甲乙丙丁，不知道有多少本地人，还有一堆年轻人在练后空翻，他们倒是很自如，倒是我替他们担心。4 点多的天边，太阳依旧耀眼，我们几个就这么坐在边上的凳子上发着呆。这边的沙子很粗，走起来不大舒服。出了门就是海，这样的大学哪里找，真是羡慕厦大学生。胡里山炮台上能看到远景，晚霞的映照下，借朋友摆了几个 pose，拍了几张看落日的照片。不要怀疑，我是来拍照的。

鼓浪屿这边倒是没看到沙滩，爬上日光岩可以看到整个岛，还有远处的厦门，就是人有点多，挤死了。在高处看到颜色鲜亮的岛上建筑，被海包围着是幸福的。有人说，到了鼓浪屿一定要往右走，那里很美。我们定的住处就在那边，爬坡下坡，很累也很有意思，住处的装修主题是船，我的菜啊，比之前住过的两家都好。夜已深，露台上一个人也没有，就我们两个上去，在上面聊着天，拍了几张夜景，下来后在楼顶的秋千上坐着，摇啊摇，摇啊摇，好想时间就这么一直停着。“有多想，永远是这样，你就在我身旁，远远离开人群。”这是句歌词，极符合当时的心情。姑娘说，以后要跟男人一起来啊。总有人在别处，偶尔这样想念你。

厦门的小吃还是蛮多的，去了小眼镜吃海鲜，在等位的时候看到门口有5个以上的美女，还评头论足一番，厦门真的好多美女，都是来了旅游的吧，哈哈。吃了沙茶面，肉粽，烧仙草，甜心凯特，张三疯奶茶，海蛎煎，麻粢，燕肉汤，鱼丸汤，章鱼，烧卖，沙冰，可丽饼……个中滋味，自己去吃就知道了。暴饮暴食的快感，导致我回来残废了，又是头疼又是肚痛。

最难忘的其实是文曾路，猎奇心理去找这条传说中神奇的路，公交坐了半天，下来之后找不着北，问了几个老人家，告诉我们走过去要1个多小时，我们就这么被自己坑了。走了1个小时的盘山公路，又黑又没公交，半天没看到的士，直直地朝我们来的都是车，估计这么个大晚上，我们这样的奇葩真的少见了。我都快走哭了，累的。终于看到一个公交站，坐着一个人，还是一个已经没有末班车的站。终于熬不住了，打了车下山，山风吹着疲惫不堪的我们，下山一个个弯道，真是爽。还有熬到两三点写了十几张明信片，有些人的地址还是未问出口，就这样吧。真有种不折腾死自己不罢休的架势，无语。

我们就这样四处走走拍拍，沿着环岛路骑自行车，在海边蹦蹦跳跳，去鼓浪屿吃小吃与海鲜，去中山路逛街，一一参观厦大的食堂操场。累了一天的我们，还在大晚上轧马路，文曾路，据说耗资巨大的盘山公路，有两个疯姑娘大汗淋漓地从山上走到山下，实在扛不住了打了辆车，这风吹过我们狼狈的脸，真是透心凉，这记忆真是永生难忘。

我们住在一个特色小旅馆里，大半夜逛街回来，爬到没有灯的露台上荡秋千，谈着最近几年的规划与梦想，聊着失去的爱情与青春。我们折腾着换了三个地方住……似乎很想证明一句话，旅行是为了体验不一样的生活。一个陌生的城市对我来说，真的有几分恐怖，这种恐怖来源于陌生，而我们又无法拒绝这种陌生，因它会带给平淡的生活一些小惊喜。说是目标，也还没有细细计划过，我没再想周游世界，只想每年都去看看陌生的风景。

后来又去了一次，如愿早起能看日出了，然而那天却没有什么太阳。我见到了一个在厦门做旅舍的朋友，最近又看到他在念叨，我发现人如果不够坚定，就很容易在奋斗与惬意间失去方向。安静地管理一个旅社并没有什么不好，从前他觉得四海皆如此，而有时他的心却志在四方。

想起在厦门未接到妈妈的电话，害得她担心了，她说，你现在是一个人在外面，好几个电话不接，我们会担心的。我又是一番感慨，想起了一句歌词：妈妈你一定要为我而幸福，你不要想我，让我想你，让我用坚定的微笑，久久地守望着这片土地。

海中人

穹顶之下，回不去的都叫作故乡

我去过的地方不多，体会到的东西也少，但我却不得不提生我养我的地方。

我喜欢温岭，有山有海的地方是我的最爱。每年的冬天我都会跟家人去走走，老家的海永远是黄的，不少地方都在建码头。近几年这里的海不是被填了造陆，就是被买了建码头，开辟工业区。天气太冷潮水又没退，我们只好去爬山。山里很清静，走着走着人也热了。好久没一群人去爬山了，边走边聊边看风景。从山上看山下的镇子与村子，最远处的地平线就是海，一切都静静的，安详而和谐。山上还有很多废弃的石头砌的老屋，像极了世外桃源的感觉，却掩盖不住一份凄凉。

这些年，每当我到一个地方，最常做的就是把它和老家做比较。老家在温岭一个山里，四面环山，离海不远。有成片的小山，大片的农田，清澈的溪水，烂漫的山花，还算善良的人。而这些，在 GDP 的冲击下，似乎都成了陈芝麻烂谷子的事情。近几年，多了五花八门的工厂，家家户户都忙着盖楼，夜夜不休的牌局，乌烟瘴气，人心不古。我其实不想用这些词形容我长大的地方。我没有比以前更喜欢这里，它让我觉得陌生，遥远，不再熟悉。

穹顶之下，看完柴静的片子，内心无法平静，脑海中浮现出太多画面。偶尔我也会思忖我与这个世界的关联，但通常到此为止。我们都知道有一个词叫愤青，我不喜欢愤青的原因是他们只知道愤怒，抱怨，却缺乏行动。可有时我觉得自己连愤青也不如，习惯了麻木了，我改变不了什么，已经是一个通行的借口。很久以前朋友说我犬儒主义的时候，我还企图反驳，事实上大多数人和我一样，犬儒而不自知。历史的转轮推着所有人往前走，人们随波逐流，追名逐利，但在这个国家，很多东西却没有跟上。我们获得了物质的丰裕，也背上了破坏环境的债。

我的老家出现在柴静演讲的大屏幕上，这个地方叫浙江温岭，她出差的一个地方。小时候，离家较远有条大河。当我们还是毛孩子时，爸爸会骑着老式的自行车，把我们带到大河里去游泳，当时农村还没有游泳圈，下水时也由爸爸带着，印象最深刻的是弟弟挂在脖子上的红色锦囊落到了水里，再也没有找到过，那个袋子里装着他出生时剪下来的毛发，为此妈妈懊恼了很久，爸爸特地去了几趟水里，都没有找到。大河装了闸门，雨季时就开闸放水，旱季就关闸积水，这条河为灌溉周围的水稻做储备。从大河流下来的水沿着田野汇入到一条小河里，我七八岁的时候还跟周围的小朋友一起在水里玩耍洗澡，水是清澈的，河边有一棵调皮的桃树的枝丫伸展到水上，记得我们其中一个坐上去玩，只听咔嚓一声，枝丫断了，他摔进了浅浅的河里大哭了起来，我们则在一边哈哈大笑。隔了一阵子，我就被妈妈拎回家了，说长大了不能再去河边洗澡了，害得我郁闷了好一阵子。不过我还是可以在夏天去河边洗脚，去田野里捞蝌蚪，在路边捉萤火虫，坐在太外婆的石板台阶上看启明星数星星。

如今这些都成了回忆，大河还在，却几经变迁，小河早就被填埋得只剩下狭窄的一条缝。大河里的水曾被无情地污染，连养鸭子的都不敢把鸭子往里放。隔壁村建了一个味精厂，往河里排放了大量污水，河从此就变成了黑色。我清晰地记得有两个圆圆的直径超长的出水口，乌漆麻黑的污水肆无忌惮地喷涌而出。污水未经治理被灌溉到农田里，村民脚上还化脓了。后来不知道是谁举报的，温岭电视台来报道了这里的污染，有关部门做了处理。这个厂的污水有没有再排放我不知道，环境也已经被污染了，后来又有了别的厂。

当我再长大一些，离家不远处不知道什么时候建了一个炼铜厂，这真是一个噩梦啊。一到夏天有东南风，厂里的烟囱冒出的臭味熏天的气体便往我们家吹来，大夏天都不敢开门。村民就组织集体签名，举报，上访，由离厂里最近的几户人家带头，再后来，听说这三家收了这个厂里的钱，放弃了，而其他人却没有任何补偿。别人怎么可能善罢甘休呢，但据说这个厂因为纳税比较多，跟镇政府关系很好，没法告倒他们，也曾试图找过台州当地很红的方言节目主持人，但没有报道。

不少人说起这个厂的时候都是咬牙切齿的，厂里的老板开着宝马路过时，更是愤怒不已，这可能是用他们的命换来的啊，他怎么能这样黑着良心开下去。村里一个婶子就是咽不下这口气，她四五十岁丈夫就意外在火车上过世，听说是心肌梗死之类的病，她找我妈妈陪她去找律师写诉状，我也跟着去了。我离这个事件最近的就是那一次。再后来的事态如何发展我已经记不清楚了，这个加工厂是否整改还是怎么着，实在想不起来。在金属制造业最火的时候，甚至有人在村口建了一个炼铝的小作坊，比那个厂更害人，被举报后取缔了。如今这个厂已经搬到了更远的地方去，夏天我也几乎都在外地，没有机会在家，也闻不到那个刺鼻的味道了，但那几个难熬的夏天我不会忘记。我也不会忘记在隔壁镇到隔壁县的公交上，一路开一路飘着海产品加工的味儿，不是好吃的味道，而是很重的腥味。温岭的制鞋、塑料制造不少，小作坊更是比比皆是，去到某些地方，一路过就恶臭难忍。

这几年，隔壁镇上建了一个工业园区，让我内心产生了更大的恐慌，老家四面环山，这空气可是会流动的。但我什么也做不了，至于老家的人，哪里想得到什么环境污染，能挣钱就好。就在去年，妈妈告诉我村里一个四十几岁的男人得了癌症过世了，他就在那个制铜厂上班，据说经常无任何防护就在那里干活。近几年，村里得癌症去世的人越来越多了，谁又想过改变呢？

老家在这个城市经济是比较差的，到处都是山，交通又不便，这里尚且如此，再想想其他工业更发达的地方，我很难想象污染到底有多严重了。先别说工业，就说满街跑的车啊，让这个城市又多了很多负担。是的，温岭很发达了，各种娱乐场所，都可以夜夜笙歌了，也建了不少大商场，但有几个商场却经常门庭冷落。

中国有多少地方都跟这里一样，追逐经济利益，GDP 增长，人却变得冷漠，环境变得糟糕，生活变得仓促。穹顶之下，回不去的小时候，回不去的碧水蓝天，就算这样，我都觉得老家的空气比其他城市好出了 N 多倍。每一次回家，外婆越来越老，爸妈也变老了，偶尔听说村里谁谁意外过世了，我的哪个小学同学也生娃了。我越来越怕他们告诉我，我的人生应该怎么过；我怕他们不理解我的选择，怕他们因为担心而给我压力和束缚；我怕他们用传统道德观念来指责我对家庭和父母不够负责任；我怕他们拿我和别人比较，怕他们说你一个大学生怎么混得比一个嫁人的女孩子差……商业文明并没有我们想象中那么伟大，商业文明并没有使每一个人的思想跟上时代，当我看到在有些自视甚高的人看不起的韩剧里，垃圾分类都做得如此井然有序，而在我生活的大上海，人们都是所有垃圾随便一丢的时候，我感到无比惭愧和失落。

故乡，是一个我离开会想念，久留会难受的地方。

杭　州

暮　秋

杭州，这个城市承载了我太多的记忆，18岁到20岁，被我自诩为人一生最青春的时光，每一天都在这里度过。我有时会一边后悔自己对时光的蹉跎浪费，一边又窃喜过了一段无忧无虑的日子。应试教育给了以前的我考试的能力，这些都已被我遗忘，那几年浑浑噩噩，迷茫混乱，面对前途不知所措，所幸的是，开始知道自己的兴趣，也经历了一些不大不小的事儿。不知道别人所谓成长的滋味是什么，对于我而言，能相对安稳平静地度过，已经不易。

翻开旧照片，我看到过去的那个自己，戴着金属边框眼镜，穿着绿黑格子外套，褪色的牛仔裤，红里带黑的脸，说真的有些惨不忍睹。我也记得，我一个人无聊时，就喜欢穿梭在学校的图书馆里，走过一个又一个书架，从A走到Z，跳过无数本书，找到那些自以为不错的书，站在书架前就看了起来。如今想起那些书名，也是不忍直视，各种成功学、励志学，还好也有心理学、小说。

在这个城市，我遇到了几个有趣的妹子，一起生活了三四年。我也曾经跟妹子走过N次一整条延安路，只为了省下车费。逛过大半个西湖，一次又一次地去城站赶火车去上海……我看着曾经那个自己，怯懦的，自卑的，勇敢的，执着的，她的所有选择与追求，放弃与追求，让我成为如今的我。关于杭州，最可怕的记忆是狂挤的公交，最快乐的记忆是在大学寝室的日子。

大二那年，在学姐的帮助下，我们被安排到一家动漫公司实习。大学几段实习经历都令人记忆深刻，尤其是这一段。如今，我也只记得这家公司是有一个业务是给集英社做动漫加工的，其他印象不深。我要讲的故事，就发生在我20岁的那个寒冷的冬季。杭州的冬天，对很多人来说，只有断桥残雪的浪漫，而对于我们来说却是寒冷异常。每个冬天总会下上几场雨，一下雨走在外面就透心冷，北风那个吹，人儿那个衰。此刻屋外也下着雨，寂静无声的午夜被这嘀嗒嘀嗒的雨水声所淹没，好在大学屋里还有空调，让我安然打字。但20岁的那个冬天，我们却住在毛坯房里发抖。从外边看，毛坯房环境可不坏，26楼高层，江景房，房间很大，钱塘江就在我眼前，两旁昏黄的路灯，把这江景衬托得精致可人，但就是什么设备也没有，卫生间连热水也没有，洗澡也要去公共浴室解决。于是我们有了跟住在附近参加艺考培训的孩子抢公共浴室的人生经历。对没有收入的我们来说，洗一次澡6块钱，真心贵，洗个澡都赶上吃两顿饭的钱了。

这次实习机会来得比较曲折，是系主任有一个学生，也就是我们前几届的学姐，是公司的工作人员，公司似乎也有意提早培养员工，大部分时间安排我们学习，没产生什么价值，没有实习工资，至于住宿，本来是说收取一定费用，为此还闹了一点小小的不愉快，最终给我们免费提供住宿，有这条件都算不错了。

这是我正儿八经地过起白领生活的第一遭，说实话，记忆深刻。我隐约还记得公司职员作为老师教我们编辑新闻，PS，给漫画上色……通讯基本靠吼的办公室，满屋子年纪轻轻的上班族，对二次元世界充满了爱意；里边隔间专业上色的男生戴着大大的耳机，造型不羁的样子；在电梯里遇到大老板，没认出来也没打招呼，后来被说没礼貌；吃着食堂十几二十元的午饭，不禁想念起学校里三块四块的一顿饭…… 我第一次意识到原来这就是上班族，跟我想象中大不一样。

而印象最最深刻的依然是每天与同学们吃垃圾街。垃圾街是中国高校的特色之一，以学校为中心向四周辐射，形成一片区域，路边摊泛滥成灾，价钱便宜，味道可以，卫生无保证，摊主除了会做美食，还需要打游击，躲城管技能。城管一来，必四处逃窜。小贩收了钱，却因为城管来了逃走了，没有给到食物就不见了的情况屡见不鲜，后来大家学乖了，一手交钱一手交货。在这里可以吃到全国各地的食物。陕西臊子面肉夹馍，福建沙县小吃，浙江温州炒面，地方特色炒饭，大小馄饨、汤圆，可谓丰富多彩，价格在10元左右，需要外带。

下班后，外带垃圾街食物，到住处开吃，因为没有网络，也没有空调，收拾停当就躲进被窝，观看之前就下好的视频，或玩一会儿单机游戏，或在“妇女之友”的带领下，一边看越南雷剧，一边集体吐槽。对了，介绍一下，“妇女之友”也就是跟我们一起实习的男同学。那时候流行的手机还不是大屏，诺基亚的智能手机刚开始流行，我们拿着屏幕比火柴盒大不了的手机，拼了命在周围寻找网络，还真有一户人家缺根筋，没有设置密码，于是那家人的 WiFi 陪伴着寂寞无聊的我们度过了一个冬季。不过我们经常无法连上他家的网，一切全看运气了。那是我第一次体会蹭网过活的日子，第一次尝到了漂泊的滋味。网络让一些人对这个世界产生了一种依附。这是一种寄托。如果能妥善处理隐私与安全问题，我倒是希望真能有个软件，让我们能永远上网，让寂寞的人们找到现实生活中踪迹难觅的归属感。这是我人生第一次正儿八经地在公司实习。

4 年时光转瞬即逝，都还没看清前路就让我们做出选择。毕业那阵子是梅雨季节，连绵的雨，天阴得人发慌，发黄，兼发霉。因为赶来赶去，事情又多，碰着枕头就想睡。终于，所有事情都告一段落，以后再也没有正当理由随便请假来杭州了。看到有人在微博回复我，欢迎来到上海。奔波回来之后，这回是真的，彻底与学生身份说再见了，以后要对自己负责了。我对这个城市依旧陌生，很多街头与路名倒是耳熟能详。曾经走过的路与撒过的疯，笑着与你们说再见。大学时光因某些人平白多了一些快乐与悲伤的记忆。我告诉自己，必须拿得起放得下，何苦沉溺于往昔。我要努力把过去从我的生活中隐藏起来，我并不是真的想抹掉回忆，而是矫情地告诉自己故事到这里告一段落了。

杭州到底还是一个大都市，跟其他大都市一样，喧嚣且繁杂，每日清晨淹没在汽车的喇叭声和茫茫人潮里。而杭州之所以为杭州，是因为它独特的美，西湖边的游客成了点缀。她的美，终究还是未能一一领略，却是挥手告别的时候了。再一次坐上 B1 的时候，熟悉又陌生的感觉顷刻间填满了空荡荡的心。最后一次也是第一次去吃学校旁边的麻辣烫，只记得饱腹感。最后一次看校园里的人儿，呵，谁都比我年轻，我努力回想着自己以前的模样，却有点模糊了。步履匆匆地在这个城市晃着，终于这从此以后再也不属于我了。

从毕业到现在，我已经离开杭州 5 年了。这 5 年，生活又经常会与之发生点联系。我想起从前，从上海坐夜间火车到杭州去找大学寝室妹子玩。对这个城市的陌生程度出乎我的意料，我实实在在觉得过去几年白待了，我有点遗憾，但时光是永远不能回头的。大晚上的火车站有些凌乱，经常看到穿着制服的巡逻警察。比起上海，杭州始终是一个相对的慢城市。我在冷风凛冽的杭城街头瑟瑟发抖，老妈在电话中嘟囔了几句，怪我又在夜里跑去杭州。一路都很顺利，我还记得去闺密家的路，我蹭蹭蹭爬到了七楼，准确无误。这是一个老小区，外面很老旧，住着很多老人。幸好里边装修还不错，就是太靠近街道了，每天早上都会被杭州的公交喇叭声吵醒，车辆转弯，请拉好扶手。我睁开了眼睛，马上又闭上，再醒来已经是中午 12 点。跟姑娘们聊着天，吃着饭，再去西湖边晃悠，拍拍冬日的相片，听听梅花三弄，突然发现这才叫生活。唉，梁朝伟体记不全了，只觉得最后一句特别拉风。

冬日，阴雨蒙蒙的西湖，光秃秃的树，平静安然的湖水，零零星星的船只，特别有质感，这就是所谓的水墨江南。这两天就这么过去了。晚上回来又很晚了，妈妈在电话里责怪我总是走夜路，晚上又很冷。一时觉得委屈，过去甚至有一次 12 点才到住处，而且还拉着很多行李，那会我真正觉得身心疲惫之时没有过问，现在我一身轻松却心情愉悦的时候每次都逮到我。唉，就是这么奇怪的心理呢。我爱杭州，偶尔怀念曾经。每年的秋天，我都想去一次。

生命里的贵客

某年冬天，阳光温暖但天气依旧寒冷，我背着一个包，坐了10小时的火车，跑到了大北京。走在这陌生的城市就像一场偶然的穿越，阳光也抵不住风里的凛冽，我突然想起了小时候的梦想就是去大城市。我先去北京看望了素不相识的叔叔和阿姨，他们是我人生中的陌生人，却在我困难时向我伸出了橄榄枝，他们的善意让我感念至今。

身在北京的朋友陪我去故宫，红色的高墙略有斑驳痕迹，高墙上靠着一个帅气的外国友人，他手里捧着一本书，不知道他是真的在读书，还是在感受历史，又或者是在晒太阳。阳光洒在他黑色的外套与灰色的围巾上，这会儿真有了穿越时光的错觉。在朋友的带领下，去了大名鼎鼎的单向街书店，正逢白先勇老先生在做关于昆曲的讲座，整个书店被围得水泄不通，老人家的声音从喇叭里传来，很遗憾，未能一睹风采，只能听声音了。寒冷冬夜的三里屯，安静里依稀嘈杂，嘈杂中又显安静，更多人选择在被窝里睡觉，我们走过一条街，看到很多小酒吧，门口站着很多人朝我们挥手。拥挤不堪的地铁，匆匆而过的路人，冷飕飕的干风，热乎乎的房间，灰蒙蒙的一片天，这里是北京。

我能有幸来到北京，体会大城市里市井又繁华的生活，我需要感谢一些人。我现在经常说不出感谢这个词，因为好像非得自己取得了多大的成就才可以说出口。尽管我活成了一个普通人，但我还是要感谢我遇到的这些人。如果我的人生有混沌迷茫的状态，那他们就是黑暗里的光，照亮了我前进的路，值得我永远感激。因为他们，我这一生运气不算太差。

故宫墙外

2004 年，我初中毕业。初中是我人生中最重要的三年，我也遇到了一个特别好的班主任。除了上课，有时他会像朋友一样说起他年轻时，跟我们也一样，背一麻袋书回家，然后原封不动背回学校。他骄傲地说，没发福以前他是体育老师。曾每天 5 点起来喊我们去操场跑步，他计时，我们跑，他说自己肚子大，跑不动了。他怂恿我去参加了人生第一次也是最后一次 800 米长跑比赛，居然拿了名次。每次有大考试前，他都让我们回宿舍洗头洗澡，说这样脑子会清醒点。他曾嘱咐英语老师在考试前让我单独去听一次听力，以确保我不胆怯。他曾挽救了一个沉迷街机游戏的男孩子，逼着他每天做奥数，做物理竞赛题，还让男孩的妈妈从外地回来照顾他，最后那个男孩考上了北大。他说，那个男孩今后会感谢他的。毕业前夕，班上一个男孩子生日，班主任带我们一起去照相馆拍照，说留个纪念。初中班主任是我最喜欢的老师之一，他教书时很严肃，平时爱说笑，有时也很凶，会气急败坏到要揍人。他教会我的不仅仅是数学题，还有坚韧和真实。

每年有空回家我都会去看他，他感慨现在的孩子都没有你们当初那么努力了，他说很奇怪，现在乡下的孩子读书反倒都没有城里的孩子努力，跟他们那时真的不一样了。偶尔觉得不可思议，七八年竟然就这么过去了。每次回去都觉得班主任怎么还是那么年轻，跟当年一模一样，班主任则会一边笑一边感慨，我们都长成大姑娘了。大学期间，我和一位女同学回去看他，他还嘱咐她别光顾着读书，也记得找个对象，当时我就笑翻了。大概，我们对彼此的记忆，都一直停留在七八年前了。2004 年，班主任带着我们去拍的照片上留着他写的八个字：事在人为，奋当进取。我内心认定的事情就不会轻易放弃，这是他教会我的东西。

高中我也遇到了一个非常和蔼可亲的班主任。她凭借细心观察到了我的软弱与无助，那时我甚至都不知道如何去表达，却被她看出来。因为她的善意，我看到了更宽广的世界。从小我就特别努力地去掩饰内心的不安，我能做到不轻易让人发现，但她却了然于心，帮我解决了难题。那时我还是一个靠无谓的自尊心来隐藏自卑的小孩，初中的骄傲消失了，我做不到考试永远前几名，我害怕接近别人，班上老有人会欺负嘲笑我。她是文理分科之后遇到的老师，分科前的期末我考了年级 100 名，我们那届大概有 1500 个学生，高一的老师放话年级 1000 名的都应该去读理科，而我选择了文科，也遇到了后来的同学和老师们。这么多年过去了，每当我想起过去，偶尔我也会假设，如果我当初没有这样选择，我的人生故事会不会不一样，但更多时候，我由衷感谢遇到的人。

我毕业时，班主任还帮我向学校申请了补助名额，虽然我告诉她我会搞定的，但她还是坚持。我年纪尚小，总是放不下那个叫自尊心的东西，她的一个电话让我改变了主意。我心存感激，对我来说最重要的不是那笔资助，而是很少有人会关注我的内心，他们看不穿我的心思，也不能让我放下骄傲，而她却非常理解我的少女心事。毕业后见过的次数不多，她依然保持着恬淡温和的风格，我也把她的好记在心里。

这世界上的事，总是有着千丝万缕的联系，因为补助这件事，我还认识了好心的叔叔和阿姨，我们仅有一面之缘。有一次我去北京，特地去看他们，我去的时候只有叔叔在，他跟我聊了 1 个小时的天，带我去吃了一次食堂。他跟我谈起了他们年轻时候的故事，20 世纪八九十年代黄金的涨跌，商场的竞争激烈，官场的贪婪黑暗，健康的重要，他还跟我说家有一女，但做父母的并没有阻挡她的想法，让她去国外留学，让她去打拼自己的事业。后来我也见到了阿姨，亲切自然温和，和我想象中一样。我走时叔叔说送我到地铁，他说现在都开车，已经二十来年没有进过地铁了，偶尔走一次还蛮新鲜的，此时我的内心是感动的。

我的人生中，他们是我要特别感谢的，他们是我生命中的贵客，看似并没有惊起多大的波澜，却灿烂了我的生活，让我看到了一个全新的世界。每每想到他们，我还是能感受到这个世界的善意，让我意识到我被这个世界温柔相待。

声音即生活，民谣里的好故事

午夜，我打开微信，发现有人在分享赵雷的歌，原来7月20日是他的生日。于是我又听了一遍这首《南方姑娘》。民谣的魅力是这样的，他创作的那首歌，你听着听着就想到了自己，你想起你的热血，你的青春，你的遗憾，你的挫败，你爱过也恨过的姑娘。最后你们没有在一起，你无奈地苦笑，继续重复着每一天的生活，把她留在了记忆最深处。每当你在夜深人静地想起她，你总是能想到她的好。

爱得深沉

这是一首关于离别的歌吧。“南方姑娘，你是否习惯北方的秋凉；南方姑娘，你是否喜欢北方人的直爽。日子过得就像那些不眠的晚上，她嚼着口香糖对墙漫谈着理想。南方姑娘，我们都在忍受着漫长；南方姑娘，是不是高楼遮住了你的希望。”一开始听到这首歌，我也想象着也会不会出现一个北方汉子，我喜欢他，他刚好也喜欢我，我们还有一起去北方生活的机会。后来，我终于知道了南方姑娘没有和北方汉子在一起，不是没有原因的。我再也不会幻想去北方，因为北方没有我爱的人，更没有我期待的生活，人终究还是要找到自己的归属。音乐里听的都是别人的故事，它们最大的魅力是让人想到了自己。

不知何时起，我对南方产生了莫名的情愫。达达乐队有一首叫作《南方》的歌，里面有一段歌词：

我第一次恋爱在那里
不知她现在怎么样
我家门前的湖边
这时谁还在流连
时间过得飞快
转眼这些已成回忆
每天都有新的问题
不知何时又会再忆起

我是爱上了《南方》这首歌，还是爱上了南方，我也说不清楚。“我第一次恋爱在那里”，这句歌词印在了我心里。印象中的南方，与这首歌一样，温暖湿润，多情平和。南方，不是一个没有故事的地方。对漂在外面的人来说，只要这个地方比家更北一些，听到这首《南方》，想必多少都会引发内心的一些悸动。关于《南方》的创作灵感，根据搜索结果显示，彭坦如是说：“去年有一天的晚上北京突然下雨了，雨声特别大，那天我没关窗户，窗外潮湿的感觉扑面而来，那种感觉就像在武汉一样，让我想起那么多年在南方的日子。当时我用很短的时间就写下这首歌的词。这也是专辑中唯一一首先有词然后才有曲的歌曲。”

这是一首适合下雨天听的歌。每个人心里都有一个南方，对彭坦来说是武汉，对我来说是浙江以南。我不会平白无故喜欢一个地方，对城市的喜欢一定是受到某些情感的牵绊，城市常以冷峻示人，尤其是大城市，生活久了才会生出一些情，不管是爱也好，怨也罢。我觉得我心中的南方，可能是厦门，或是广州，又或是深圳，必须是一个有海的地方。

无论是厦门，广州还是深圳，南方城市给我留下的最大印象是潮湿与燥热，身在“北方”的我不止一次路过南方的城市，有时我也会想“不知道他现在怎么样。”然而并没有什么用，所有的情愫都随着时间的流逝化为乌有。这首歌戳中人心的地方就在这里啊！这是多么残酷的一个现实，却被这样温和地表达，显得更为伤感。

第一次听到《南方》这首歌，我就在心里构思这样一个老套的故事。年少的男孩默默喜欢过一个南方的女孩，她说最喜欢这个城市是因为它靠海，每当心烦意乱时就去海边吹吹风，所有的烦扰就在这海风沉醉的夜晚消失了。后来男生去了那个城市，却没能与女孩一起去看海。“我第一次恋爱在那里，不知她现在怎么样”，时过境迁，当我们都成为努力生活的普通人，才发现敢爱敢恨的青葱岁月已经一去不返。每一个人心中都埋葬了一个人，他已经不会让我们在午夜梦回时想起，却成为无法抹去的记忆。我们可以感念这个人的好与坏，感慨他的一切已经与自己无关，此时此刻，不要否认我们只是以他之名，想念过去的自己。我喜欢过一个南方男孩，终究也没有与这个南方的男孩子发生什么瓜葛，他却成了我年少时最深刻的记忆。人终究会长大，默默的爱情终究会死去，我也不知道何时会再想起他。

但这首歌不仅仅在诉说个人情感，更像在轻声讲述歌手对一个地方的想念，如果你也有想念的地方，想念的人，你就会被这首歌感动。每次听到这首歌，我的脑海里就会飘过一些片段。

某一年去厦门，我们在这个九月还暴晒的城市四处乱跑，在大半夜跑到民宿的露台上，前几天刚下过雨，露台的秋千上还有水，我们天南海北地聊着关于南方的故事。这个温暖湿润的城市露台，黑灯瞎火空无一人，凭栏望去是一片海，远处灯光闪烁，波光粼粼，我们各怀心事。我也记得曾经一个人去广州，在宽阔又陌生的马路上走着，看着地图导航却找不到住处，我在高楼大厦中间穿行，迷了路也不知道怎么办，我能感受到因为走了一天双脚的疲惫，能感受到这个陌生城市的黑夜带给我的恐惧感，也能感受到即便到了晚上 10 点这个城市的燥热沉闷依然没有退去。我好想哭却流不出眼泪。“我来到你的城市，走过你来时的路。”我突然想起陈奕迅的一首歌，这座南方城市给我留下最深刻的印象，不是上下九的市井热闹，也不是沙面风格迥异的建筑，而是一种无法言说的累。当我终于在住处洗了一个凉水澡，跑到天台吹风，看一群老外在一旁喝酒聊天时，我真是如释重负。这个城市就这样让我记住了它。我去过几个南方城市，我还想再去几次，不再纯粹为了看风景，只是有时候要躲避新的问题呀！

这里还有一首关于北方的歌。《关于郑州的记忆》，这也是一首离别的歌，也提到了两个不同的城市和一份若有似无的爱情。年少时爱情似乎是奢侈品，热恋的小青年，一旦面对柴米油盐，爱情就死得特别快，很少有人能不被现实困住，但即便如此，多年后如果有人为你写歌，也许年少时的冲动就值了。这首歌的创作背景实在太接地气，太写实，活脱脱就是一个傻里傻气的年轻人做出来的事。据说，那一年李志大学毕业，找不到工作就网吧泡着，在聊天室遇到一个女孩，他在南京的网吧为女孩唱了一首《北京的金山上》，女孩听了很感动，聊得很投机。他们约好见面，他从南京逃票跑到了郑州寻找他的爱情。当时是个冬天，郑州很冷。后来他回来了，这段故事也就此结束。他写了这首歌来纪念这段回忆。内心骄傲的年轻人，爱来爱去也没有明白爱的意义，如今路过昔日恋人所在的城市，也只能默默怀念这里的阳光和煤炉的味道。

李志，第一次听到这个名字还是源于几年前的“别给傻逼织毛衣”，这几年并没有关注他，只知道他在南京名声挺大。有人给我推荐了他的歌，看了关于他的一些介绍。十年来从未签约任何唱片公司，十年来从不参加任何电视选秀，十年来基本不接受媒体采访，就算这样，李志居然还能红。据说李志曾经还在豆瓣月亮组写他的一些情感故事。我对民谣既爱又怕，我爱它们的真实，却又害怕真实背后透露出的无奈。

我没有去过郑州，并没有任何关于郑州的记忆。但郑州似乎可以被任何城市取代，如果你和心爱的姑娘曾分隔两地，你的记忆中就会有这样一个女孩，这样一个冬天。

孤独这件小事

孤独是属于每一个人的。无论是孤身一人，还是儿孙绕膝，人在任何年纪都能感受到孤独。我想这不是一种悲伤的情绪，而是一种潜藏的力量，但只有一些人能感知到。风靡的极简主义，一人食，断舍离，给人传递的就是孤独里蕴含的坚毅与乐观。当人真正体会到孤独时，他也会发现这世间存在太多美好的东西，让他随时随地都能感受到被这世界温柔相待。懂得孤独的人，心如明镜。

小时候根本不知道孤独是什么，只要功课好，就能赢得关注与赞赏，每次放假，只有我一个人的作业本是随身携带的，我以功课成绩来博得所有人的认可，这一招也确实奏效，我并未体验过孤独。除了功课之外，我唯一的爱好就是找书看，因为经济条件的关系，我无法像有些小孩一样随心所欲地买书，我人生买到的第一本书是作文选……一个人无聊时就看书的习惯一直延续至今，对于喜欢独处的我来说很受用。

上高中时我第一次意识到人与人的差别。新同学讨论的话题我插不上话，考试成绩也不再令我骄傲，后座的男同学不再如以前任我欺负。这种转变让我意识到了自己的软弱，为此我感到不安。好长一段时间，我把内心封闭起来，变得沉默寡言。我羡慕那些活泼可爱、招人喜欢的女同学，我害怕自己跟别人不一样，不想被孤立，我竞选课代表，努力学习，以此来缓解内心的惶恐。这是我人生第一次真正感受到孤独。后来，遇到了心思缜密的班主任，活泼可爱的闺密们，我总算又打开了心扉，与大家愉快地玩耍了。

青春期的孤独，就像一道不合胃口的前菜，让我浅尝了孤独的滋味。从大学到工作，从杭州到上海，孤独感并未散去，我反而愈发能读懂自己的内心。一个人生活在这座城市，让我对孤独这件小事有了更深刻的理解，我不再如从前般惶恐不安，无论如何，我都想去撩一撩孤独的面纱，讲一讲过去的故事。

希　望

前阵子朋友给我发了青海的相片，蓝天白云水天一线，成片黄色油菜花，我想起大学时有人跟我提过，青海湖是这辈子一定要一次的地方，因为那里有着天外之境的美。而我却一直没有去成，心中满是遗憾。我一直很羡慕那种执着于某些事物的人，羡慕他们的热血，快乐，行动力。因为有喜欢的东西，才会不遗余力地努力。很遗憾，从小到大我好像一直都没有这样疯狂喜欢的东西，有精神寄托是一件好事，它让人们不再那么害怕孤独。别看我经常写长篇大论，但一面对现实问题时就觉得心有余而力不足，焦头烂额。在这个世界生存，对很多人来说是忧伤而慌张的。忧伤着车子房子妻子儿子以及老子，慌张着赚钱保险还贷上班下班。明天的日历静静躺在那里，不管生活是否如意，不管人们愿不愿意翻，它就是会过去，没有到不了的明天。人们只能一边骂骂咧咧，垂头丧气，一边又要打肿脸充胖子，做不喜欢的事，这种孤独感最为可怕。歌里正唱着：世界忧伤而慌张。而这个世界赋予我们的孤独，也许是一种隐形的力量，我们需要驾驭它。

我写了一些关于城市的故事，这些城市让我想起不同时期的我和我遇到的人。我去的地方不多，无法尽数所有的好与坏，但我却想告诉所有人，人会因为环境的改变而改变。这本书我从25岁写到了26岁，或者说更早之前就开始谋划，写一本书，这个想法时而离我很远，时而又离我很近。时代变化太快，出版行业没落不是一天两天了，写书并不赚钱，而我却希望完成这个目标。我写的故事都很寻常，常常有人觉得我就是在写他们，我内心的那些似曾相识的小心思，小纠结，小委屈，小欢喜，都化为涓涓细流，总有一天想汇成歌，唱歌给别人听。平凡的我们，注定要面对琐碎和孤独。心理学认为，信息只有被赋予了意义，才更有被记住的可能，愿我写的东西能给你带去些许慰藉。

Just for us

王大宝 _OneDouble：我是一个诗人，沦为程序员。

金潮：梦想去哪儿了。

Singrain：一切英雄主义，都源自于对生活的信念。
美女，约吗？

Simon：人生路上，自己是最好的伴侣。

Pacer：故事的最后哗哗和小四娘愉快地生活在一起了。

MichealShao：祝盼盼完美地圆了一个图书梦。

Hugh：神啊，赐我一个菇凉吧！丈母娘也好啊！

井字形：不改初衷，真英雄；不择手段，非好汉。

royalwzy：千言万语，祝你幸福。

木兰花开锦书来：哈，要不是看到自己以前存的书签，都快忘记这个事情了。我只记得当初收到你的邮件后，就把我和老公的故事发给你了，不知道你收到没有，一直没收到回复。倘若没有就算了吧，这都是命啊。（真对不起妹子，没及时收到，来不及放进去了，祝福幸福美满！）

秦鹏他写了一段诗，收到回复太晚，放在这里吧。他说：

黄昏的灯光下，梧桐树剥开一层又一层叶子，昏暗却没有失去活力。它不似车辆，呼啸，急忙而又颤栗地奔向目的地。我捡起一片梧桐，凝视它，像极了一杯茶或是发黄的老照片，我回味这一瞬间的永恒，过去未来轻轻重叠。上天给了我一双只能回望过去的眼睛，而我却寻找未来。过去是漫天闪烁的星光，而未来是不可预见的黑暗。但我知道，微光照亮了我的前路，而黑暗是为了感知更遥远的光芒。此刻，这还没有到达地面的梧桐叶，在我眼前飞舞飘荡。

在此，我要对觅渡、罗伯特、Dreamsoft 和 royalwzy，还有不收回报的朋友们表示衷心的感谢。觅渡一开始只支持了一本，后来竟然支持了一笔大金额，实在是出乎我的意料，陌生人能给予如此的信任，让我好生感激。他是做金融行业的，2015 年的股市跌宕起伏，不知道多少人跟着股市跳水了。他问我是否有股灾方面的心得可以写出来，很抱歉，实在是写不出来，我对此并无研究，另外这篇文章的基调定位似乎不适合写股市，不过我答应，如果还有第二次机会，我会为你写一个故事，作为额外的回报。最近我的工作与互联网金融有关但不是炒股，感谢你能给一个陌生人这么大的支持。罗伯特是一位客户，算是有几面之缘，我挺不好意思，一方面出书是私人的事，不想跟客户发生关联，另一方面也是拖延了这么久，我感到非常抱歉。Dreamsoft是我的一位老领导，是个友善又可爱的人，富有爱心，令人印象深刻。我还希望处于人生低谷期还支持我的林木潇潇早日走出阴霾，祝福善良的人。

以下是全体感谢名单，送给大家我最喜欢的四个字：平安喜乐。

本书特此鸣谢：

觅渡，罗伯特，高峰，寒子，金潮，秋元诚，井字形，林木潇潇，木兰花开锦书来，似水的流年，林辉Ethan，林小NING，Dreamsoft，royalwzy，simon，pacer，cintre，lls，东风何时来，watsonxu，大锅盖，王大宝_OneDouble，MichealShao，星文，安安安_生，singrain，Afra，ONE2012，UcJmh，Nm我去，Hugh，sands，文瑞，白末，朔方来客，千里行之龙骑战将，HungryPayne，Sapphire，蛋香门第，哥想不起名字，默先生，周周小二，和你一样，冒险小子，澡妮，hey，孔小孔，影子，42b，马克杯DIY个性定制，dream_lp，晨与夜，大个板，哥想不起名字，取号啦李刚。

图书在版编目（CIP）数据

独立生活这件小事 / 邵盼盼著．—杭州：浙江工商大学出版社，2016.4（2016.10 重印）
ISBN 978-7-5178-1504-4

Ⅰ．①独… Ⅱ．①邵… Ⅲ．①成功心理－青年读物 Ⅳ．① B848.4-44

中国版本图书馆 CIP 数据核字（2016）第 007074 号

独立生活这件小事
邵盼盼　著

责任编辑	梁春晓　胡亚娟
装帧设计	张　庆
责任印制	包建辉
出版发行	浙江工商大学出版社 （杭州市教工路 198 号　邮政编码 310012） （E-mail: zjgsupress@163.com） 电话：0571-88904980，88831806（传真）
印　　刷	浙江云广印业股份有限公司
开　　本	880mm×1230mm　1/32
印　　张	9.875
字　　数	236 千
版 印 次	2016 年 4 月第 1 版　2016 年 10 月第 2 次印刷
书　　号	ISBN 978-7-5178-1504-4
定　　价	39.80 元

浙江工商大学出版社营销部邮购电话　0571-88904970